分布式应用系统
架构设计与实践

谢文辉◎著

人民邮电出版社

北 京

图书在版编目（CIP）数据

分布式应用系统架构设计与实践 / 谢文辉著. -- 北
京 : 人民邮电出版社，2022.2
ISBN 978-7-115-57230-1

Ⅰ. ①分… Ⅱ. ①谢… Ⅲ. ①分布式操作系统－系统
设计 Ⅳ. ①TP316.4

中国版本图书馆CIP数据核字(2021)第198087号

内 容 提 要

随着互联网技术的发展，分布式应用系统对具备高性能、高可用性、可扩展性和可维护性的架构的依赖度越来越高。本书以理论与实践相结合的方式，对分布式应用系统的架构设计进行系统、全面的阐述。本书分为3个部分，第一部分是分布式系统架构概述，介绍一些分布式系统架构下常见的基础概念和架构设计的目标；第二部分是核心理论及技术，介绍分布式应用系统下常见的技术中间件机制和使用场景，着重介绍分布式应用系统在高性能、高可用性、可扩展性和可维护性等方面常见的优化技术；第三部分是架构实践案例，梳理几种常见的大型分布式应用系统的架构，并结合具体问题进行分析，使读者能够真正理解设计分布式应用系统架构所面临的问题及解决问题的思路。

本书主要面向初/中/高级程序员和架构师，但书中的部分内容也适合产品经理、项目经理阅读。此外，本书内容由浅入深且案例丰富，也适合作为培训教材。

◆ 著　　　　　谢文辉
　　责任编辑　　刘雅思
　　责任印制　　王　郁　焦志炜
◆ 人民邮电出版社出版发行　　北京市丰台区成寿寺路 11 号
　　邮编　100164　　电子邮件　315@ptpress.com.cn
　　网址　https://www.ptpress.com.cn
　　大厂回族自治县聚鑫印刷有限责任公司印刷
◆ 开本：800×1000　1/16
　　印张：14.25　　　　　　　2022 年 2 月第 1 版
　　字数：330 千字　　　　　 2022 年 2 月河北第 1 次印刷

定价：79.90 元
读者服务热线：(010)81055410　印装质量热线：(010)81055316
反盗版热线：(010)81055315
广告经营许可证：京东市监广登字 20170147 号

前　言

我在 2010 年进入互联网开发领域，当时公司的项目正处于向互联网转型的阶段，系统迭代开发完成后要考虑上线、发公告、停服务、代码手动更新、单台发布验证，以及所有服务器验证等步骤。在此期间，只要遇到问题，就要手动回滚，每次发布都要忙到凌晨。因此，我对这一经历记忆犹新。

随着项目和工作进入不同的阶段，我才慢慢了解了整个基于 DevOps 的快速、高效的发布流程。除此之外，我还有幸接触了更多互联网架构设计的整体流程。在此期间，我参与了一些日均活跃用户数达千万级的应用系统的架构改造和双活多机房的完整解决方案的设计，我还从无到有主导了一个多机房构建过程。虽然我在工作中遇到过无数的问题，但我认为这也是我作为技术人员的一种幸运。后来我开始考虑是否可以把以往的项目经验积累下来，分享给更多可能遇到同样问题的人，让更多的人少走弯路，同时也作为对自己的一种鞭策，让自己做更多有效的沉淀。因此，我在一些主流的技术博客和公众号上定期做技术分享，经过一段时间的分享，一次机缘巧合让我直接改变了做技术分享的路径，转而决定把自己的知识积累写成书，以期影响和帮助更多的人。整个写作过程并不如我预想的那样顺利，尽管之前我也写过一些文档和专题，但是写书毕竟是第一次，我的内心还是非常忐忑的。所幸经过不断坚持，我慢慢地厘清了思路，使本书的写作最终得以完成。

本书从介绍分布式系统架构的基础概念开始，进而介绍分布式系统架构的核心理论和常见优化技术，最后通过分析我接触过的一些项目以及遇到的常见问题来分享有效的解决方案。

下面我简要介绍一下每章的核心内容。

- 第 1 章介绍分布式系统架构的基础概念和架构设计要实现的几个目标。
- 第 2 章介绍常见的几种架构（单体架构、分层架构、面向服务架构和微服务架构体系）模式的演进，让读者对分布式系统架构的演进有初步的认识。
- 第 3 章介绍数据缓存、数据分发和数据存储等类型的基础组件，并就其中的每种类型挑选了一种典型组件进行详细介绍，其中会涉及组件的原理、架构和实现机制，以及高性能、高可用性等的一些实现方案。
- 第 4 章介绍一些性能指标，并详细介绍可能对系统的每层进行优化的方案和常见做法。
- 第 5 章介绍分布式系统的常见理论，并介绍数据存储层、业务逻辑层以及多机房场景下的高可用保障方案。
- 第 6 章介绍可扩展的几个维度，并针对系统的每层详细阐述可扩展架构的实现方案，最后介绍几种典型的可扩展架构。
- 第 7 章介绍监控系统可维护性的常见监控组件，并详细阐述业务日志和业务数据的安全监控及分析的实现方案。

- 第 8 章介绍账号系统的整体架构、关键问题及解决方案，如数据一致性的实现方案等。
- 第 9 章介绍秒杀系统的整体架构、关键问题及解决方案，如并发场景下的库存扣减一致性问题的解决方案。
- 第 10 章介绍消息推送系统的整体架构、关键问题及解决方案，如消息的重复推送问题的解决方案。
- 第 11 章对一款开源的区块链系统进行核心环节的一些优化，并阐述区块链中常用的技术和实现机制。

本书能够顺利出版，首先要感谢人民邮电出版社杨海玲编辑的大力支持，在我整个写作过程中，她投入了大量的时间和精力。另外，我还要特别感谢我的父母和妻子，在过去的一年中，他们对我无微不至的关心和对家庭事务的处理，让我有空余时间完成本书的写作。最后，我要将此书献给我即将出生的二宝以及马上要上一年级的大宝，希望他们未来能够永远怀着孩子的好奇心来看待和探索这个世界。

由于我的水平有限，书中难免会有疏漏，读者在阅读过程中若发现不足之处，敬请指正，我的联系方式如下：

微信：13631287740

邮箱：flykingmz@gmail.com

公众号：互联网架构师之路（微信号：hlw_architector）

谢文辉

2021 年 5 月

资源与支持

本书由异步社区出品，社区（https://www.epubit.com/）为您提供相关资源和后续服务。

提交勘误

作者和编辑尽最大努力来确保书中内容的准确性，但难免会存在疏漏。欢迎您将发现的问题反馈给我们，帮助我们提升图书的质量。

当您发现错误时，请登录异步社区，按书名搜索，进入本书页面，点击"提交勘误"，输入勘误信息，点击"提交"按钮即可。本书的作者和编辑会对您提交的勘误信息进行审核，确认并接受您的建议后，您将获赠异步社区的 100 积分。积分可用于在异步社区兑换优惠券、样书或奖品。

扫码关注本书

扫描下方二维码，您将会在异步社区微信服务号中看到本书信息及相关的服务提示。

与我们联系

我们的联系邮箱是 contact@epubit.com.cn。

如果您对本书有任何疑问或建议，请您发邮件给我们，并请在邮件标题中注明本书书名，以便我们更高效地做出反馈。

如果您有兴趣出版图书、录制教学视频，或者参与图书技术审校等工作，可以发邮件给本书的责任编辑（liuyasi@ptpress.com.cn）。

如果您来自学校、培训机构或企业，想批量购买本书或异步社区出版的其他图书，也可以发邮件给我们。

如果您在网上发现有针对异步社区出品图书的各种形式的盗版行为，包括对图书全部或部分内容的非授权传播，请您将怀疑有侵权行为的链接通过邮件发给我们。您的这一举动是对作者权益的保护，也是我们持续为您提供有价值的内容的动力之源。

关于异步社区和异步图书

"异步社区"是人民邮电出版社旗下 IT 专业图书社区，致力于出版精品 IT 图书和相关学习产品，为作译者提供优质出版服务。异步社区创办于 2015 年 8 月，提供大量精品 IT 图书和电子书，以及高品质技术文章和视频课程。更多详情请访问异步社区官网 https://www.epubit.com。

"异步图书"是由异步社区编辑团队策划出版的精品 IT 专业图书的品牌，依托于人民邮电出版社的计算机图书出版积累和专业编辑团队，相关图书在封面上印有异步图书的 LOGO。异步图书的出版领域包括软件开发、大数据、AI、测试、前端和网络技术等。

异步社区

微信服务号

目　　录

第一部分　分布式系统架构概述

第二部分　核心理论及技术

第三部分　架构实践案例

第一部分

分布式系统架构概述

分布式系统的运用非常广泛，它的标准定义是：由一组通过网络进行通信，为了共同完成任务而协作的计算机节点组成的系统。因为分布式系统的关键在于多节点和协作共同完成任务，所以分布式系统的出现就是为了解决资源（如计算、存储等）紧缺的问题，也就是说，利用更多的资源处理更多的任务。

分布式系统包含分布式应用系统和分布式中间件系统。分布式应用系统主要指基于分布式设计的业务系统，如秒杀系统就是一个典型的分布式应用系统。而分布式中间件系统主要指基于分布式设计的消息系统、缓存系统、存储系统等。这一部分将介绍分布式系统的一些基础知识，包括分布式系统架构涉及的基础概念和架构设计需要达到的目标，并详细介绍分布式系统架构的演进过程。

第 1 章

架构的基础概念

到底什么是架构？对于这个概念，不同人可能有不同的定义，甚至存在一些争议。我们先来看一下一些标准机构对这个概念的定义。

- 参考 ANSI/IEEE 的标准定义，架构是一系列组件之间的组合、交互和继承的关系。
- 参考维基百科对架构的定义，架构是对建筑物或者其他物理结构规划设计的一个过程。

看了以上对架构的定义之后，读者有什么感觉？是不是感觉过于抽象？那么，如何用一种更直观的方式来阐述架构呢？首先，我们用架构的几个概念来明确一下它的界限和范围。

1.1　架构的几个概念

架构的所有概念都是在系统设计过程中不断抽象和衍生出来的，因此，在介绍架构的几个概念之前，需要再花一点儿时间介绍一下架构的产生过程。下面以一个电商购物系统的架构优化为例来进行阐述。

最开始的时候系统还没有构建起来，也基本没有用户，此时系统以提供基本使用功能为主，例如，业务逻辑处理和数据存储都部署在一台服务器上，用户请求的处理和数据存储全部在这台服务器上完成。

随着业务的发展，产品经理规划了更多的功能模块，此时如果依然使用一台服务器来完成业务逻辑处理和数据存储，那么系统的处理能力就会受到限制，需要考虑将业务逻辑处理和数据存储进行分离，即业务逻辑处理单独使用业务逻辑服务器，数据存储单独用另外的服务器。因为业务逻辑处理和数据存储分离了，所以它们之间就多了一些额外的数据传输，而数据传输就是为了连接业务逻辑处理和数据存储这两个模块。

再往下发展，由于产品功能受到特定用户群体的认可，因此用户数量开始增加，这导致单台业务逻辑服务器处理不过来，此时系统就需要再引入反向代理服务器，以使后端的业务逻辑服务器可以更方便地扩展，从而提升后端业务逻辑服务器的处理能力。同时，用户规模的扩大会使数据存储的存取性能受到挑战，此时就需要对数据存储进行读写分离，以独立的读服务器和写服务器来提升系统的数据存储性能。

由于产品受到了特定用户群体的喜爱，因此产品经理就依据用户反馈规划出更多的产品功能，如商品导航、活动、积分等一系列的功能，以提高用户黏性和促进业务增长。此时，为了避免不同模块之间的访问干扰，不同的业务逻辑服务就需要拆分，同时数据也需要基于不同的业务类型进行拆分存储。

随着活动、积分等运营业务的发布，用户产生了裂变，这时用户的并发访问量不断上升，单独的数据存储服务已经无法满足用户体验的要求，就需要考虑引入缓存、流量分发和负载均衡等可以有效提升系统性能的组件。

上述过程大概描述了优化一个系统架构的几个阶段。那么，架构的设计优化需要满足什么条件呢？

（1）业务对于系统有更高的要求。

（2）模块的处理能力有限，需要有效地将系统进行切分。

（3）系统切分后，需要引入协调调度机制，以提升模块的协作性能。

第一点，伴随业务的不断发展、业务功能的多样化、用户规模的不断扩大，业务对系统提出了更高的要求，例如系统的性能、可用性、可扩展性以及可维护性，这是架构产生的一个先决条件。也就是说，产生架构的第一要素是现在或者未来可见的业务对系统有更高的要求，架构不是一种空想的设计。

第二点，模块的处理能力有限，需要有效地对系统进行切分。由于业务对系统的要求提升，而单独一个模块的处理能力又有限，因此就需要对系统进行更多的切分。例如，单台服务器的处理能力有限，就需要将业务逻辑处理和数据存储分离。单台数据存储服务器的处理能力有限，就需要对数据存储进行读写分离。

第三点，系统切分后，需要引入协调调度机制，以提升模块的协作性能。例如，为了提升业务逻辑处理能力，需要引入反向代理服务器。

总结来说，架构是一个系统的优化过程，而分布式系统的架构则是为了实现系统的高性能、高可用、可扩展、可维护等目标所做的一系列优化过程。

1.1.1 系统与子系统

这里仍然以上面的电商购物系统来阐述。

一个完整的电商购物系统包括用户注册/登录系统、用户成长系统、评价系统、购买系统等。因此，可以这样来定义，电商购物系统是一个整体的系统，而用户注册/登录系统等就属于电商购物系统的子系统。从用户视角出发，子系统可以看作独立闭环的一个功能。

1.1.2 模块与组件

模块和组件是进入系统以后区分出来的概念。例如，电商购物系统里的购买功能可以区分出支付、导航、下单等功能，这些功能可以定义为模块，而模块之间需要的数据分发和数据存储服务（如 Kafka、Redis）可以看作不同的组件。因此，概括起来说，模块是进入系统后从业务层面来划分的概念，而组件是从技术层面来划分的概念。

1.1.3 组件与框架

组件在上面已经阐述了，那么框架又是什么呢？框架是对实现某个技术组件服务规范的一种定义。例如，Web 系统的 MVC 规范可以认为是一套框架定义，消息队列的数据传输规范也可以认为是一套框架定义。而组件可以认为是对框架的一种具体实现，例如 Kafka 是实现消息队列框架的一个组件。

1.2　架构设计的目标

要衡量一个架构设计的优劣程度，就需要一些指标，如系统的性能、可用性、可扩展性以及可维护性。

下面就针对这些指标，详细阐述架构设计要达到的具体目标。

1.2.1　高性能

在架构设计的过程中，性能往往是非常重要的，它可以有效提升用户的操作体验，有助于实现对服务资源的高效利用。图 1-1 展示的是一种常见的高性能架构。

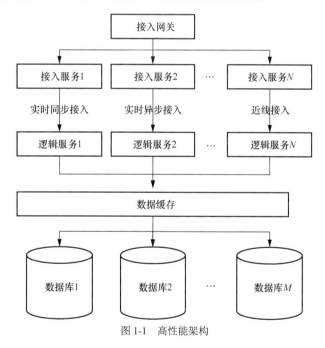

图 1-1　高性能架构

当然，不是每个系统都具有这样的架构，具体细节可能会有不同，但高性能架构一般都有如图 1-1 中所示的几个特点。

常见的高性能架构一般采用 Nginx 作为接入网关，并且水平扩展，通过 Nginx 连接更多的接入服务，以使系统实现水平扩展。一般来说，接入服务可以划分为 3 种模式。

- 实时同步接入：一般采取远程过程调用（remote procedure call，RPC），高效地实现后端业务逻辑的扩展，提升调用性能。

- 实时异步接入：一般采取消息队列，其时延不高并且可以有效地降低请求达到高峰时对系统造成的过大压力。
- 近线接入：一般采取流式处理，可以高效地处理高并发、大体量的数据以及计算，例如常见的基于 Flink 的流式处理。

逻辑服务访问数据存储，实现对数据存储介质中数据的访问操作。如果并发访问请求量过大时仍采取直接访问数据存储介质的话，会导致数据处理瓶颈。为了解决数据处理瓶颈问题，一般有以下两种方案。

- 读写切分：考虑对数据库进行切分（如分库、分表操作），或者让数据库读写分离等。
- 添加缓存：在数据库和业务逻辑间建立起一层缓存数据，让更多数据可以直接通过缓存返回，这样可以有效避免对数据库造成直接访问的压力。

1.2.2 高可用性

可用性关注的是服务在出现故障之后是否可以快速、高效地恢复。常见的系统单点故障问题就是可用性的典型示例。

图 1-2 展示的是一个典型的高可用架构（以两个机房为例）。

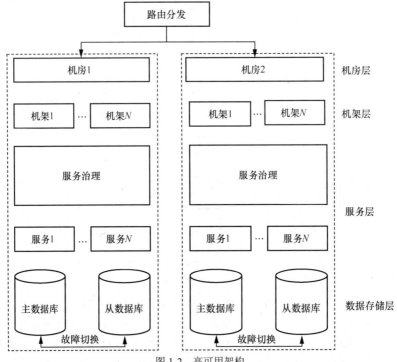

图 1-2 高可用架构

从图 1-2 可以看出，要实现高可用性（high availability，HA），就需要在以下各层设置服务冗余或者业务故障自动发现机制。

- **机房层**: 考虑到业务访问机房的网络可达性问题以及单个机房内部故障问题, 因此会采用多机房架构的模式。多机房架构有热备份模式和多活模式, 热备份模式就是一般情况下备用机房不接收线上流量, 只有在主机房出现故障时才启用备用机房。多活模式是将线上访问流量在每个机房间按照一定的策略进行分发, 每个机房随时都可正常工作, 当其中一个机房出现故障时, 其线上流量可以通过路由分发模块配置转发。多活机房的目标是实现系统出现故障时平滑无感知的业务迁移。
- **机架层**: 机房内的机架也会由于各种原因出现故障, 如果所有的服务器都部署在一个机架上, 显然是达不到高可用的目标的, 所以一般情况下服务器会在机架层进行交叉部署, 以此解决机架层出现的服务可用性问题。
- **服务层**: 一般来说, 服务会通过服务治理机制来解决服务发现和故障剔除问题, 如 Dubbo 服务治理组件就包含服务发现机制。
- **数据存储层**: 对数据库来说, 一般会采取主从架构, 然后引入一些实现故障发现和迁移机制的模块, 例如采取主数据库高可用性(master high availability, MHA)策略来解决 MySQL 可用性问题。

1.2.3 可扩展性

可扩展性关注的是系统依据访问请求的大小可以实现资源的自动扩容。例如, 电商在做一些活动时请求量会很大, 此时就需要实现资源的扩容, 而活动结束后又需要考虑释放多余的资源。这些操作都需要方便快捷地完成, 这就要求系统在设计架构的时候重点考虑可扩展性。

图 1-3 展示的是一个常见的可扩展架构。

服务接入网关会将请求分发到后端接入, 服务接入网关一般采取 Linux 虚拟服务器(Linux virtual server, LVS)和 Nginx 的配合来实现。由于系统需要可扩展, 那么对于任何服务器的上线和下线, 系统的处理状态应该是一致的, 因此这里需要实现接入层处理的无状态化。无状态化指的是任何一台业务逻辑服务器在任何时候处理的逻辑都是保持一致的, 不需要为不同用户存储特殊的状态信息。例如, 对用户访问的会话(session)信息进行分布式存储, 而不是每台服务器自行存储, 有状

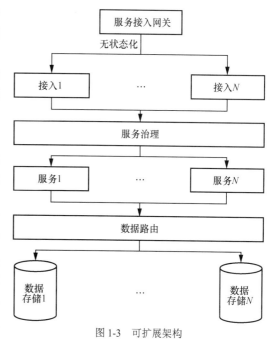

图 1-3　可扩展架构

态的信息就得到统一处理, 而业务逻辑服务器只需实现业务功能。因此, 任何一台服务器的上下线都不会影响系统的处理。

接入层实现可扩展之后就到了服务层。服务层中有所有的业务逻辑处理过程, 要实现可扩展

需要引入服务发现组件,这一点和在 1.2.2 节中讲到的高可用性是一致的,这里不赘述。

最后,数据存储要实现可扩展,一般采取数据路由存储,例如基于哈希的分片映射、基于数据范围的分区映射等都属于数据路由分发策略。这样,即使有较大的数据量,也可以实现数据的有效扩容。但是,这里还需要额外注意数据重新路由的迁移效率问题,例如用户 A 的数据经过分片到达了数据存储 1,但是在扩容后数据路由存储到数据存储 N,这时就需要考虑如何快速将用户 A 的数据迁移到数据存储 N 的问题,在这里先不进行详细阐述,第 6 章中会详细介绍。

1.2.4 可维护性

可维护性主要是指系统的监控、故障修复、线上运维的便利性以及问题发现的及时性等。一个系统上线之后,会由于各种原因出现线上故障,这就需要快速定位故障的位置以及找出出现故障的原因,以便快速修复故障,而对于一些不适于人工介入的情况还需要做到系统的自我修复。这时就需要对系统的可维护性进行综合考量。

图 1-4 展示的是一个常见的可维护架构。

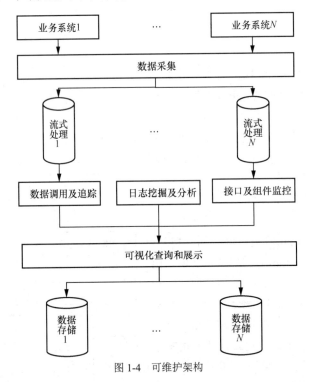

图 1-4 可维护架构

首先需要对所有业务系统进行系统运行状态和日志的采集(即数据采集),再通过流式处理组件(如 Kafka 或者 Flink)进行数据处理和传输,对采集到的所有数据可以分类处理,例如数据调用及追踪、日志挖掘及分析、接口及组件的监控分析,最后把获取并分析后的数据进行可视化并展示出来,同时如果出现异常可自定义实现告警或者故障切换等操作。数据存储用来保存所有运维监控状态的原始采集数据以及分析的结果数据。这样，一个具备基本功能的可维护系统就建立起来了。

1.3 小结

本章主要介绍了架构的基础概念，先从架构的产生原因着手，然后引入了架构中的几个常见概念，最后对架构设计要达到的几个核心目标进行了阐述，并介绍了可实现这些目标的常见方案。本章的目标是让读者对系统架构有基本的认识，后续章节将会对几个设计的核心目标的具体实现方案进行详细的分析和说明。

第 2 章

架构的演进

系统的架构是由单体架构不断向分布式架构演进的，分布式架构又细分为分层架构、面向服务架构、微服务架构体系。将这个演进过程展开来看，有如下几种常见的架构模式：

- 单体架构；
- 分层架构；
- 面向服务架构（service-oriented architecture，SOA）；
- 微服务架构体系。

本章会详细介绍这几种架构的定义及其各自在业务场景中的优缺点。

2.1 单体架构

单体架构是应用系统最早期的形态，最开始它是指将业务系统里的所有功能模块都包含在一个包里面，这个包也只部署在一台服务器上运行，业务系统所需要的数据存储服务也是在这台服务器上。这里以最开始的定义方式来阐述，因此单体主要指两个概念：一个是业务功能模块没有拆分，放在一个服务包里；另一个是运行服务器没有做切分，放在同一台服务器上。

一个典型的单体架构如图 2-1 所示。

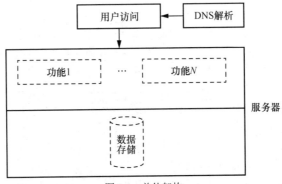

图 2-1 单体架构

从图 2-1 可以看出，单体架构的优势和劣势都非常明显。单体架构的优势是：开发测试比较简单，不需要太多的系统配合，部署运维也很方便，适合部署初期以及业务团队规模非常有限的场景。单体架构的劣势是：框架更新起来比较复杂，系统耦合严重，系统的可用性和性能都有瓶颈。

单体架构非常不适合大型复杂系统的开发。在大型复杂系统的开发中采用单体架构会导致维护成本提高，测试和开发效率也会大打折扣。

2.2 分层架构

分层架构也称为多层体系架构，是指将系统按照业务抽象出不同层，每个层与上一层服务之间是层调用的限制关系，同时也为系统在不同层之间实现解耦。

分层架构在不同系统和标准里有不同的划分方式，例如典型的就是微软公司提出的 3 层架构模式。3 层架构模式包含表示层、业务逻辑层和数据访问层。

- **表示层**：指展示给用户使用和交互的界面，它将后台加工处理的数据按照业务逻辑进行展示。一般来说，JSP、HTML 等是表示层的常用技术规范。
- **业务逻辑层**：指用户需要交互和展示数据的加工处理和接入层，它涵盖了所有后端数据逻辑处理流程。业务逻辑层位居 3 层的中间层，承载着系统的所有业务逻辑。
- **数据访问层**：指用户操作数据存储和操作服务，例如，对 MySQL 存储数据的增删改查操作等。这一层中常见的组件有 Hibernate 和 MyBatis 等。

3 层架构有一个明显的问题，那就是随着系统不断发展，业务逻辑层会越来越庞大，因为业务逻辑层承载了所有业务处理逻辑。于是，有人对这一层进行了优化，从这一层分离出接入层和服务层，让接入层更为简单，可扩展性更强，让服务层专注于实现业务逻辑的处理。同时，随着数据规模越来越大，对系统处理能力的要求也越来越高，于是抽象出一个数据存储层，这样，一个更合理的整体分层架构就成型了。图 2-2 展示的是一个典型的分层架构。

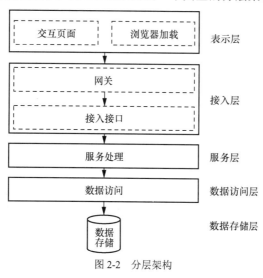

图 2-2 分层架构

分层架构一般用在客户端应用以及一些桌面应用。这些场景通过用户的交互进行数据的处理和操作，分层场景可以比较完整地刻画这一过程。

分层架构有以下优点。

- 开发效率比较高：每个开发人员只需专注于各自的业务模块实现。
- 松耦合：由于系统之间是分层的，因此系统天然具有解耦功能。
- 维护成本低：清晰分离出每个层之后，更容易定位和发现问题。
- 标准化程度比较高：系统经过分层，只需按照分层标准化开发。
- 模块的复用性比较高：分层后系统的逻辑功能进行过抽象剥离，复用性更高。

分层架构的最大缺点是，如果表示层数据又有改动，那么其他相关层的逻辑可能都需要随之修改，在这个场景下整体的开发效率会变得比较低。

2.3 面向服务架构

面向服务架构（SOA）是依据业务的属性对服务进行划分和定义。下面我们先来看一下几个标准组织对面向服务架构的定义。

万维网联盟（W3C）对面向服务架构的定义是：面向服务架构是一种应用程序架构，在这种架构中，所有功能都定义为独立的服务，这些服务带有定义明确的可调用接口，能够以定义好的顺序调用这些服务来形成业务流程。

Gartner 对面向服务架构的定义是：面向服务架构是一种 C/S 架构的软件设计方法，应用由服务和服务使用者组成，面向服务架构与大多数通用的 C/S 架构模型的不同之处在于，它着重强调组件的松耦合，并使用独立的标准接口。

综合两大标准机构的定义来看，面向服务架构是一种组件服务化的架构模式，它将业务按照不同的功能拆分成不同的服务，并在服务之间通过定义一些良好的接口和协议进行通信，同时这种接口需要独立于各种系统、平台和语言，能够实现跨平台的兼容和处理，以期实现一种统一通用的交互方式。

图 2-3 展示的是一种常见的面向服务架构模型。

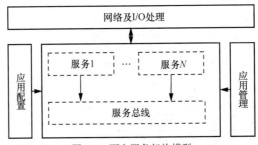

图 2-3　面向服务架构模型

所有服务通过应用配置和应用管理实现个性化配置的下发和应用的管控，并且抽象出一层平台兼容的网络及 I/O 处理模块，所有服务通过服务总线进行注册和服务发现。而服务内部则采用标准化的服务接口和定义来实现服务的逻辑层以及数据存储和访问层，如图 2-4 所示。

服务内部采用通用的通信和处理机制实现服务的协议对接，如通用的接口封装、通用的语言格式、通用的容错机制等，这些是面向服务架构服务标准化的重要组成部分，同时也是服务总线的核心功能。后面就是常见的业务分层架构，如逻辑层、数据访问层和数据存储层等。

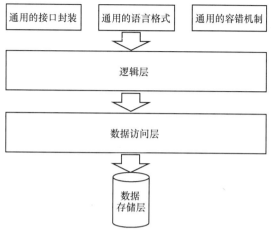

图 2-4 服务内部结构

服务总线就是一种通信协议的实现，常见的服务总线有以下几种。

- 公共对象请求代理体系结构（common object request broker architecture，CORBA）：由 OMG 接口定义语言（interface definition language，IDL）、对象请求代理（object request broker，ORB）和 IIOP（internet inter-ORB protocol，也称为网络 ORB 交换协议）3 个关键模块组成。其中 IDL 就是兼容各种语言处理的一种标准定义，ORB 实现不同软件或者硬件平台下对象之间的应用和连接，IIOP 就是 ORB 之间的标准通信协议。

- 企业服务总线（enterprise service bus，ESB）：构建基于面向服务架构解决方案的关键组成部分。ESB 支持异构环境中的服务、消息以及基于事件的交互，并支持服务的可管理性操作。ESB 提供了各种常见协议或规范的适配器，这些协议或规范有 HTTP（hypertext transfer protocol，超文本传输协议）、JMS（java message service，Java 消息服务）、邮件以及 TCP/IP、EJB、COM/DCOM 等，保障了对各种服务组件的兼容和调用。

- Web 服务（Web service）：一种平台独立、松耦合、自包含的基于可编程的 Web 应用程序，在协议定义上采用 XML 来描述。XML 的简洁性极大地降低了服务接口之间调用的复杂性。

面向服务架构使服务变得更具业务价值，响应速度更快，复用性也变得更好，主要表现在以下几点。

- 高效：业务拆分使一次调用可以完成本业务功能的逻辑，调用更简单、高效。

- 松耦合：因为服务采用服务总线实现调用，所以所有服务之间天然实现了解耦，业务的灵活性也变得更高。

- 平台无关性：因为面向服务架构的通信机制保障了服务组件在各个平台之间兼容，所以开发者无须关注底层平台的差异，而只关注业务的实现即可，提高了开发效率。

- 可复用性：由于服务都通过服务总线调用，每个服务的功能通过不同的调用组合复用已存在的业务服务，因此可以快速满足业务迭代的需要。

2.4 微服务架构体系

微服务架构体系是从面向服务架构体系衍生而来的，前者更强调的是业务需要彻底的服务化和组件化，业务从 API 网关开始作为系统的唯一入口，所有模块按照业务进行拆分。图 2-5 展示了面向服务架构和微服务架构的区别。

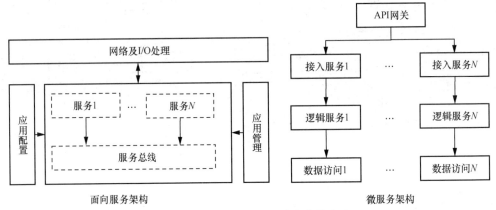

图 2-5 面向服务架构和微服务架构的区别

面向服务架构的服务主要是逻辑服务，所以是针对逻辑服务做拆分，再通过服务总线调用，而微服务架构是从接入服务开始就一直拆分到数据访问，彻底从业务层面将服务组件化。

微服务架构体系包括微服务架构、服务网格架构和单元化架构。其中最典型的是微服务架构，服务网格架构是在编程思想启发下衍生出来的，后来在多机房场景下，为了保障每个业务在本地实现调用，以提升调用性能，又衍生出了单元化架构。

2.4.1 微服务架构

微服务架构是一种架构模式，一个大型系统可以由多个微服务组成，每个微服务可以独立部署，微服务之间是松耦合的，从业务视角来看每个微服务就是一个独立的业务。因此微服务就是模块化拆分和分布式计算的组合体。

从技术视角来看，完整的微服务架构如图 2-6 所示。

图 2-6 中的灰色部分都是微服务的核心组件，它们共同支撑起微服务的最终运行，虚线框内的是基于业务的微服务。这些支撑微服务运行的核心组件如下。

- 调用链：记录完成一个业务逻辑时调用的微服务，并将这种串行或并行的调用关系展示出来。在系统出错时，可以方便地找到出错点。
- 服务网关：服务网关是服务调用的唯一入口，可以由这个组件实现用户鉴权、动态路由、灰度发布、A/B 测试、负载限流等功能。
- 负载均衡：服务提供方一般以多实例的形式提供服务，负载均衡功能能够让服务调用方连接到合适的服务节点，并且节点选择的工作对服务调用方来说是透明的。

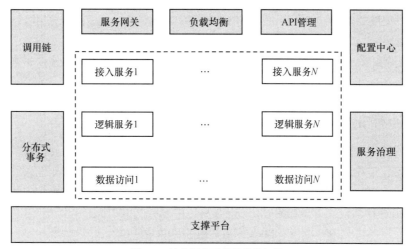

图 2-6 技术视角下的微服务架构

- **API 管理**：以方便的形式编写及更新 API 文档，并以方便的形式供调用者查看和测试。
- **配置中心**：将本地化的配置信息注册到配置中心，实现程序包在开发环境、测试环境、生产环境的无差别性，方便程序包的迁移。
- **分布式事务**：对于重要的业务，需要通过分布式事务技术（TCC、高可用消息服务、最大努力通知）保证数据的一致性。
- **服务治理**：服务治理的主要职责是对微服务提供的能力进行治理，例如服务的注册与发现、服务的监控、服务的流量管理，以及服务的安全访问与授权认证等。
- **支撑平台**：系统微服务化后变得更加碎片化，系统的部署、运维、监控等都比单体架构更加复杂，那么，就需要将大部分的工作自动化。现在，可以通过 Docker 等工具来消除这些微服务架构带来的弊端，这些工具可以实现持续集成、蓝绿发布、健康检查、性能健康等。

微服务架构有以下几个优点。

- **开发复杂度低**：由于每个服务只关注自己的业务实现，因此开发一个大型业务时，经过对服务进行拆分，开发的复杂度大大降低。
- **松耦合**：微服务都是独立部署的，它们之间通过服务治理进行调用，天生降低了系统间的耦合。
- **跨语言**：微服务通过服务治理以及网关对外进行服务暴露，如 REST API 完全可以实现跨语言调用，服务治理组件也不断地支持更多语言的接入，越来越具有跨语言特性。
- **独立部署**：微服务依托于支撑平台实现服务的独立开发、部署等，使得开发的持续集成变得更为高效。

微服务架构有以下几个缺点。

- **修改复杂**：如果一个业务涉及的微服务调用链上下节点都需要修改，那么会大大增加修改的复杂度和难度，从这一点上来说它增加了系统修改的成本和复杂度，所以一个微服务需要更多关注的是拆分的合理性以及对外接口的完善性，应该尽量避免出现这种全调用链修改的情况。

- 测试复杂：由于对服务进行了拆分，因此每个微服务的测试方式以及由每个微服务带来的测试工作量都会有明显增加。

2.4.2　服务网格架构

服务网格是一种非侵入式的架构技术，它包含了服务化的框架技术，同时将微服务之间的重试、监控、追踪、熔断等功能包含在里面，只不过这种包含采取的是一种非侵入、解耦的方式。服务网格架构属于微服务架构体系，它关注服务之间的通信、监控等运维操作的解耦以及如何更好地和 DevOps 进行结合。图 2-7 展示的是一个典型的服务网格架构。

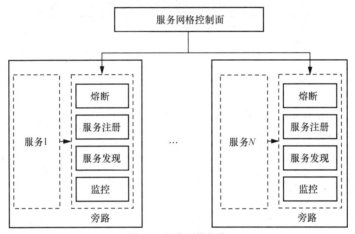

图 2-7　服务网格架构

目前流行的服务网格开源软件有 Linkerd、Envoy 和 Istio，最近 Buoyant（开源 Linkerd 的公司）又发布了基于 Kubernetes 的服务网格开源项目 Conduit。下面简单介绍一下这些项目。

- Linkerd：业界第一个服务网格项目，由 Buoyant 公司开发，它是一个透明的服务网格，旨在通过透明地将服务发现、负载均衡、故障处理、服务路由添加到所有的服务间通信中，使现代应用程序安全可靠，而无须侵入应用程序内部本身的实现。
- Envoy：由 Lyft 工程师 Matt Klein 开发，Envoy 最初是在 Lyft 构建的，它是为单一服务和应用程序设计的高性能 C++分布式代理，以及为大型微服务服务网格架构设计的通信总线和通用数据面。
- Istio：由谷歌、IBM 与 Lyft 共同开发的开源项目，旨在提供一种统一化的微服务连接、安全保障、管理与监控方式。Istio 项目能够为微服务架构提供流量管理机制，同时亦为其他增值功能（包括安全性、监控、路由、连接管理与策略等）打下了基础。这款软件利用久经考验的 Lyft Envoy 代理进行构建，可在无须对应用程序代码做出任何改动的前提下实现可视与控制。

- Conduit：由 Buoyant 公司开发（借鉴 Istio 整体架构，对部分功能进行了优化），是一款基于 Kubernetes 的服务网格开源解决方案，Conduit 的目标是成为最快、最轻量、最简单并且最安全的服务网格。它使用 Rust 语言构建了快速、安全的数据面，用 Go 语言开发了简单强大的控制面，总体设计围绕着性能、安全性和可用性进行。

2.4.3　单元化架构

通常来说，一个系统为了提升性能或者可用性，会采取多机房部署，而多机房部署的情况下一般采取热备份或者双活模式，也就是说，另一个机房是当前机房业务功能的完整副本。正常情况下，业务流量通过路由分发，或者在其中一个机房出现故障时整体切换到另一个机房。但是，大型互联网公司的业务不是两个机房就可以完整承载的，而且如果每个机房都承载所有业务，就会使资源占用过多，于是就衍生出一种单元化架构。

所谓单元化，就是将业务划分为一个个小的业务单元，每个单元的功能完全相同，但只能处理一部分数据，只有把所有单元的数据合并起来才能得到完整的数据，但每个单元内部都能处理完整的业务流程。图 2-8 展示的是一个典型的单元化架构。

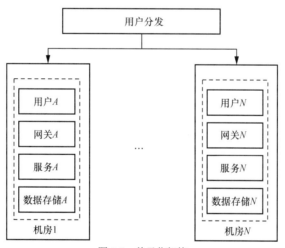

图 2-8　单元化架构

单元化架构要求在一个系统里可以按照用户数据维度切分接入，某个用户的数据处理、数据存储全部锁定在一个机房的单元之内，每个单元内的处理尽量做到独立，不要与另一个单元进行交互或者调用。这样，在单元化架构下，机房可以横向扩展，而业务无须额外修改。

从上面的描述来看，系统要实现单元化，需要满足以下 3 个条件。

（1）业务可切分。例如依据用户的切分处理，如果无法做到针对某个唯一属性进行数据切分，那么单元化就比较难以实施。再如对于消息推送系统，所有的数据是面向全网推送的，很难做到数据的单元化切分，这就不适合单元化处理。

（2）单元内业务是自包含的。例如对于通过用户 ID 进行切分的数据，如果它需要调用额外的一个业务服务，那么本地单元需要部署，所以应当尽量实现单元内的闭环。

（3）系统是面向逻辑分区而不是面向物理部署的。也就是说，系统的各个整体功能按照数据进行了切分，整体来看系统是在逻辑层上进行分区而不是在每个机房的物理层上进行一次完整部署。

针对第二个条件，如果数据被分发到非本单元处理的机房，就需要将请求路由转发到对应单元的服务进行处理。为什么不能在本地接收后再调用远程数据存储呢？因为这样会加大各个单元对数据库连接的占用，为了保障数据库连接的快速访问和快速释放，所以尽量保障在本单元内调用。

2.5　小结

本章主要介绍了常见的几种架构的演进模式，从最早期的单体架构，到分层架构，再到面向服务架构，以及在面向服务架构的基础上优化的微服务架构体系。微服务架构体系又包含微服务架构、服务网格架构和单元化架构这 3 种架构模式。本章详细分析和说明了这些架构的组成，并分析了它们各自的优缺点，使读者能够对架构的演进有整体的了解。

第二部分

核心理论及技术

本书从这一部分开始介绍分布式应用系统的核心理论和技术,首先介绍常见的分布式基础组件,因为它是分布式应用系统的重要组成部分,这里会包含对分布式组件的高可用性、高性能、可扩展性和可维护性的详细介绍。接下来会对衡量分布式应用系统的高可用性、高性能、可扩展性及可维护性的一些概念和实现方案进行详细介绍,以期让读者对分布式应用系统的架构理论和技术有全面的掌握和理解,为接下来的分布式应用系统的实践案例环节打下良好的基础。

第3章

常见的基础组件

典型的分布式应用系统的内部架构通常如图 3-1 所示。

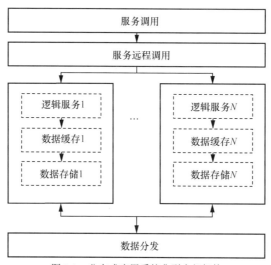

图 3-1　分布式应用系统典型内部架构

因为服务都是分布式部署的，所以每个服务从服务调用开始。首先就会用到服务远程调用，每个服务里包括逻辑服务、数据缓存和数据存储，而不同服务之间就通过数据分发进行服务调用，除了逻辑服务属于业务逻辑实现，其他都是基础组件的功能，包括以下功能。

- 数据缓存：对热点数据进行缓存处理，提高数据获取性能。
- 数据分发：数据中转和消息通知机制，实现服务之间的解耦以及异构系统整合。
- 数据存储：所有数据的落地存储，保障数据的稳定可靠。
- 服务远程调用：新上线服务的发现以及故障服务的下线处理和流量转移等。

本章会分别介绍以上 4 个核心处理功能中用到的典型基础组件，同时重点介绍这些组件在高性能、高可用性方面的实现机制和方案。

3.1　数据缓存

为了提升对高并发实时数据访问的性能，数据缓存组件应运而生，其中比较常见的就是 Memcache

和 Redis。

Memcache 是经典的内存缓存技术，对相关领域的支持比较丰富，各种框架都支持使用该技术。应用系统中经常用到的会话信息可以非常方便地保存到 Memcache 中，每个键保存的数据量最大为 1 MB，支持的数据类型比较单一，仅支持字符串类型（string），不支持持久化操作。

Redis 支持比较多的数据类型（string、list、set、sortset、hash），也支持集合计算（set 类型），每个键的最大数据量为 1 GB，支持持久化操作。Redis 一般配合后端数据库使用，其存放的一般是用户当前频繁使用的数据。

Memcache 和 Redis 的对比如表 3-1 所示。

表 3-1　Memcache 和 Redis 的对比

数据缓存组件	优点	缺点
Memcache	支持单一数据类型，支持客户端式分布式集群，一致性哈希多核结构，多线程读写性能高	不支持持久化，节点故障可能出现缓存穿透，分布式需要在客户端实现，跨机房数据同步困难，架构扩容复杂度高
Redis	支持多数据类型，支持数据持久化，高可用架构，支持自定义虚拟内存，支持分布式分片集群，单线程读写性能极高	多线程读写速度比 Memcache 慢

考虑到使用场景和实现原理的典型性，下面以 Redis 为例对数据缓存进行原理和机制的分析。

3.1.1　Redis 高可用实现方案

Redis 采用了主从复制和哨兵（sentinel）监控两种方式来实现高可用性。

1. 主从复制

为了提升数据复制的性能，并且实现服务器故障恢复后的快速数据复制，Redis 的主从复制包含了全量同步和增量同步。全量同步主要发生在从服务器启动的初始化阶段，执行流程如下。

（1）从服务器向主服务器发送 SYNC 命令。

（2）主服务器接收到 SYNC 命令之后，会调用 BGSAVE 命令来生成 RDB 文件，并启用缓冲区来记录后续所有的增量命令操作。

（3）主服务器 BGSAVE 执行成功之后，会将 RDB 文件发送给从服务器。

（4）从服务器接收到 RDB 快照文件后执行文件加载操作。

（5）主服务器发送完 RDB 文件之后从缓冲区获取待发送的增量命令。

（6）从服务器加载完 RDB 快照文件后接收来自主服务器的增量命令，并执行写入操作。

Redis 全量同步的执行流程如图 3-2 所示。

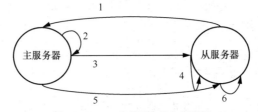

图 3-2　Redis 全量同步的执行流程

全量同步存在一个巨大的弊端：当服务器之间断开然后重新连接后，复制仍然从头开始，实现全量复制。Redis 在 2.8 版本之后引入了新的同步命令 PSYNC 来实现全量同步及增量同步，其全量同步和上面所述类似，而增量同步除了执行前面介绍的增量命令，还提供了一种断线重连后的增量同步机制。

在讲解新版的增量同步之前需要了解下面几个概念。

- 复制偏移量：执行复制的主从服务器会以字节为单位维护一个复制的偏移量（offset）。
- 复制缓冲区：一个先进先出（first in first out，FIFO）的队列，用于存储服务器执行过的命令，每次执行命令时主服务器都会将命令记录下来，并存储在复制缓冲区。命令存储的仅仅是数据变更的操作，复制缓冲区的大小是 1 MB。
- 服务器运行 ID：每个 Redis 服务器会在启动时生成自己的服务器运行 ID（runid），主服务器会将自己的运行 ID 发送给从服务器，从服务器将其保存起来，当主从服务器断线重连之后就可依据这一 ID 来判断当前主服务器是否是之前的主服务器，如果是，则启动增量同步，否则启动全量同步。

理解了以上几个概念之后，接下来看一下 PSYNC 命令的执行流程。

（1）客户端向服务器发送 SLAVEOF 命令，让当前服务器成为从服务器。

（2）从服务器根据自己是否保存主服务器的运行 ID 来判断是否是第一次复制，如果是第一次复制，则继续执行第 3 步，否则跳转到第 4 步。

（3）从服务器向主服务器发送 PSYNC？-1 命令进行全量同步。

（4）从服务器向主服务器发送 PSYNC runid offset 命令进行增量同步。

（5）主服务器接收到 PSYNC 命令后，先判断 runid 是否与本机 ID 一致，如果一致，则会再次判断 offset 和本机的偏移量差距有没有超过复制缓冲区大小，如果没有，就给从服务器发送 CONTINUE 命令，此时从服务器只需要等待主服务器传回失去连接期间丢失的命令。

（6）如果 runid 和本机 ID 不一致或者双方偏移量差距超过复制缓冲区大小，就会发送 FULLRESYNC runid offset 命令，从服务器将 runid 保存起来，并进行全量同步。

PSYNC 命令的执行流程如图 3-3 所示。

2. 哨兵监控

前面讲的主从复制方式存在一个问题，主服务器宕机之后没有主服务器，这将导致写入操作不可用，这时候一个能够监控主服务器状态的哨兵服务器（简称哨兵）就显得尤为重要了。哨兵的主要功能可以概括为，当主服务器不可用时，从剩余的从服务器中选择一台服务器作为新的主服务器，并修改其他从服务器节点的配置使其指向新的主服务器。

具体来说，哨兵需要执行以下 3 个任务。

- 监控（monitoring）：哨兵会不断地检查主服务器和从服务器是否工作正常。
- 通知（notification）：当被监控的某个 Redis 服务器出现问题时，哨兵可以通过 API 向管理员或者其他应用程序发送通知。
- 自动故障迁移（automatic failover）：当一个主服务器不能正常工作时，哨兵会开始一次自动故障迁移操作，它会将失效主服务器的一个从服务器升级为新的主服务器，并让失效主服务器的其他从服务器改为复制新的主服务器；当客户端试图连接失效的主服务器时，集群也会向客户端返回新的主服务器的地址，使集群可以使用新的主服务器代替失效的主服务器。

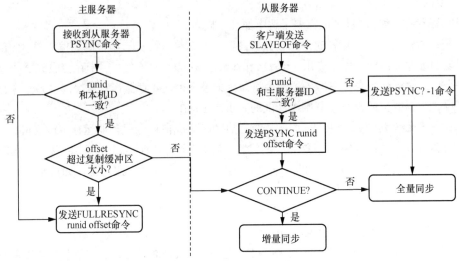

图 3-3 PSYNC 命令的执行流程

3.1.2 Redis 集群实现方案

集群实现的基础或者说核心价值是分片（sharding）。数据分片之后可实现的功能如下：

（1）分割数据给多个 Redis 实例处理，因此每个实例只保存键的一个子集，让使用者可以对存储进行扩展；

（2）通过利用多台计算机内存的总和，让使用者可以构造更大的存储空间；

（3）通过多核和多台计算机，让使用者可以扩展计算能力；

（4）通过多台计算机和网络适配器，让使用者可以扩展网络带宽。

Redis 的集群实现方案可以归纳为客户端分片、基于代理的分片和路由查询这 3 种。

1. 客户端分片

客户端分片有很多实现方式，这里先简单罗列一下。

- 关键字分片：例如，让以键的首字母开头、数字范围开头的关键字落入指定的配置区域，这种方式会有一个弊端，容易出现数据倾斜和热点数据处理问题。

- 取模分片：后端有 N 台服务器，通过键计算出一个值，再通过这个值对后端服务器数量 N 进行取模，这种方式可以很好地解决数据倾斜及热点数据处理问题，但是扩容的时候数据迁移的成本会比较高。

- 关键字哈希分片：通过关键字哈希运算的数值进行分片，这种方式可以有效地解决数据倾斜和热点数据处理问题，如一致性哈希算法可以有效地解决取模分片方式带来的大量数据迁移问题。

一致性哈希算法和上面讲到的取模分片有类似的地方，只不过一致性哈希算法将之前的对 N 取模变为对 2^{32} 取模，并且通过顺时针方式查找对应的节点，它的标准实施步骤如下。

（1）求出服务器（节点）的哈希值，并将其配置到 $0\sim2^{32}$ 的哈希环上。

（2）采用同样的方法求出存储数据的键的哈希值，并映射到相同的哈希环上。

（3）从数据映射的位置开始顺时针查找，将数据保存到找到的第一个服务器上。如果映射的位置超过 2^{32} 而仍然找不到服务器，就会保存到第一台服务器上。

例如，有 4 个 Redis 后端节点（N1～N4，下文全部用 N1～N4 表示），其在哈希环上的分布如图 3-4 所示。

现在有一个数据的键 1（K1）、键 2（K2）需要存储，它们的哈希值分别落在 N4 和 N1 之间以及 N1 和 N2 之间，如图 3-5 所示。

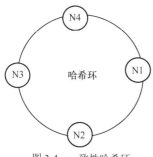

图 3-4　一致性哈希环

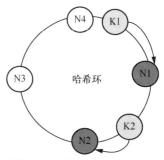

图 3-5　一致性哈希环节点选择

按照顺时针获取节点的方式，K1 会落入 N1，K2 会落入 N2，如果这时候扩容，新增了一个节点 0（N0）在节点 4（N4）和节点 1（N1）之间，如图 3-6 所示。

当新增节点后就发现 K1 需要落入 N0，但是 K2 不会发生变更。在此基础上，如果 N2 出现故障下线了，那么各节点数据的分布如图 3-7 所示。

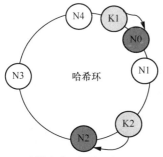

图 3-6　一致性哈希环新增节点后的数据分布

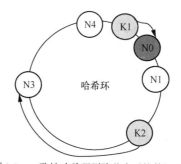

图 3-7　一致性哈希环删除节点后的数据分布

这时，K2 的数据就按顺时针落入了 N3。这样，不管扩容还是缩容都可以有效地保障数据在最小范围的迁移，迁移的数据只影响其顺时针方向上最近的变更节点，从而巧妙地解决了数据迁移变更的问题。

但是，从图 3-7 可以看出，节点的不均衡分布会导致线上数据倾斜问题，这个问题称为一致性哈希倾斜。为了解决这个问题,一致性哈希环引入了虚拟节点的概念。例如,对于 N2、N3、N4 这 3 个节点,在 N2 和 N3 之间、N3 和 N4 之间各添加一个虚拟节点,添加之后的节点分布如图 3-8 所示。

假设突然出现了大量数据落入 N3 和 N4,那么为了降低 N3 和 N4 的存储压力,可以在 N2 和 N3 之间添加一个虚拟节点 1(图 3-8 中的 VN1),在 N3 和 N4 之间添加一个虚拟节点 0(图 3-8 中的 VN0),这样可以保障节点的有效均衡,前提是需要均衡的哈希算法。一般来说,实现均衡哈希一致性分布会有如下结果表现:如果后端有 M 个节点,客户端有 N 个哈希值,那么每台服务器需要处理 M/N 个哈希数据。

总结一下,这种基于客户端的分片实现方案的最大弊端就是客户端软件开发工具包(SDK)的兼容性不好,如果有多种语言就需要有多种实现,基于这样的考量,服务器端的分片方式就显得更具优势。

2. 基于代理的分片

基于代理的分片是在客户端和服务器端之间添加一层代理服务器,通过代理服务器将客户端请求分发到后端处理,比较常见的有 Twemproxy 和 Codis 两种方案。

(1)Twemproxy 是一款开源的 Redis 代理服务器,它的实现机制比较简单,首先接收来自客户端的请求,并通过路由转发到后端的 Redis 服务器处理,得到响应之后再原路返回。Twemproxy 架构如图 3-9 所示。

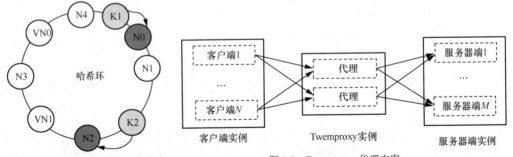

图 3-8 一致性哈希环虚拟均衡节点　　　　　图 3-9 Twemproxy 代理方案

Twemproxy 方案有以下优点。

- 接入友好:客户端像连接 Redis 实例一样连接 Twemproxy,不需要修改任何代码逻辑。
- 故障自动检测:支持无效 Redis 实例的自动删除。
- 连接损耗降低:Twemproxy 与 Redis 实例保持连接,减少了客户端与 Redis 实例的连接数。

Twemproxy 方案有以下不足。

- 处理性能有损失:由于 Redis 客户端的每个请求都要经过 Twemproxy 代理服务器才能到达 Redis 服务器端,因此这个过程中会产生性能损失。
- 不利于运维监控:没有友好的监控管理后台界面,不利于运维监控。
- 扩容工作量大:Twemproxy 最大的问题是它无法平滑地增加 Redis 实例,对运维人员来说,如果需要增加 Redis 实例,那么工作量非常大。

平滑扩容的问题可以利用一种二级代理方式来解决，其具体思路如图 3-10 所示。

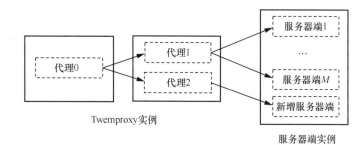

图 3-10　多层代理 Twemproxy 扩容方案

多层代理 Twemproxy 扩容方案的实施流程如下。

- 在 Twemproxy 前端再增加一层 Twemproxy，如图 3-10 中的代理 0，它实现的是数据扩容后的分发策略。
- 对代理 1 的所有键预先分配一个标记 0，对代理 2 分配一个标记 1，以此类推。
- 将新的标记数据分发到代理 2，旧的数据分发到代理 1，以这样的方式来实现扩容后的数据平滑分发。

这种方式虽然可以做到平滑扩容，但是仍然解决不了扩容后的数据倾斜问题，这就需要另一种方案——Codis 方案。

（2）Codis 是一个开源 Redis 代理集群方案，它针对 Twemproxy 代理方式下服务器端自动扩容的问题进行了优化。

Codis 集群架构包含下面 4 个部分，如图 3-11 所示。

- Codis-proxy：负责将 Redis 客户端连接到 Redis 服务器端实例，它实现了 Redis 的协议。Codis-proxy 是无状态的，可以用 Keepalived 等负载均衡软件部署多个 Codis-proxy，以实现高可用性。
- Codis Redis：Codis 项目维护的 Redis 分支，添加了槽和原子的数据迁移命令。Codis 上层的 Codis-proxy 和 Codis-config 只有与这个版本的 Redis 通信才能正常运行。
- Codis-config：Codis 管理工具，可以执行添加/删除 Codis Redis 节点、添加/删除 Codis-proxy 节点、数据迁移等操作。另外，Codis-config 自带 HTTP 服务器，其中集成了一个管理界面，方便运维人员观察 Codis 集群的状态并进行相关操作，极大提高了运维的便捷性，弥补了 Twemproxy 的不足。
- ZooKeeper：其提供的功能包括配置维护、名字服务、分布式同步、组服务等。Codis 依赖于 ZooKeeper 存储数据路由表的信息和 Codis-proxy 节点的元信息。另外，Codis-config 发送的命令都会通过 ZooKeeper 同步到 Codis-proxy 节点。

Codis 扩容方案的实现逻辑如下。

- 分片映射：预分配 1024 个节点，通过 crc(key)%1024 获得一个数字，这个数字代表键（key）存放的槽编号，一个组（group）至少存放一个槽（slot），最多存放 1024 个槽，而一个槽只能放在一个组内。

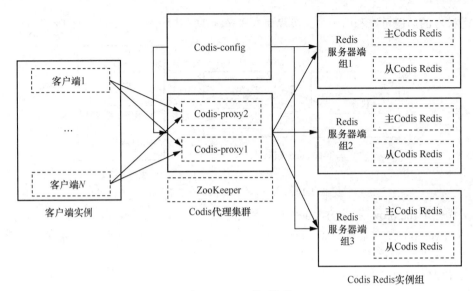

图 3-11　Codis 集群架构

- 集群扩容 Codis：扩容 Codis 牵涉的主要是数据迁移槽的问题，Codis 可通过 Codis-config 手动分配槽，也可以通过 Codis-config 的重分配功能自动根据每个组的内存对槽进行迁移，从而实现数据均衡。

- 主从故障切换检测：Codis 提供 Codis-HA，这个组件在检测到主 Codis Redis 宕机的时候将其下线并升级一个从 Codis Redis 为主 Codis Redis。

3. 路由查询

路由查询的典型实现就是 Redis 官方给出的 Redis 集群模式，它是一种完全去中心化的集群实现方案。其中的每个节点会互相通信，并且节点的信息、端口以及槽都会定期交换和更新，而数据的分片是采用虚拟槽（16384 个）来实现的，其实现架构如图 3-12 所示。

下面就从以下几个方面来详细阐述图 3-12 所示的 Redis 集群架构的内部机制。

- 节点间的通信：包括 Gossip 协议节点消息通信、ping/pong 心跳检测通信以及 MEET 信任通信。

- 数据分片：总共有 16384 个槽平均分配在不同的节点上，每个节点间的通信保障各个节点之间互相知道各自槽管理的范围，当客户端访问任意节点时，通过 CRC16 校验对键进行哈希运算，并且对 16384 做取模操作，取模操作的结果如果在本节点范围内则处理，如果不在本节点范围内则响应 MOVE 或者 ASK 重定向操作。这里要注意 MOVE 和 ASK 的区别，前者是槽的数据已迁移完成，后者是槽的数据正在迁移中。

- 数据复制：每个节点都有主节点和从节点，实现数据高可用以及主节点和从节点的故障切换。

- 客户端路由：客户端接收到 MOVE 或者 ASK 后会依据返回的节点信息重新访问新的服务器端节点。

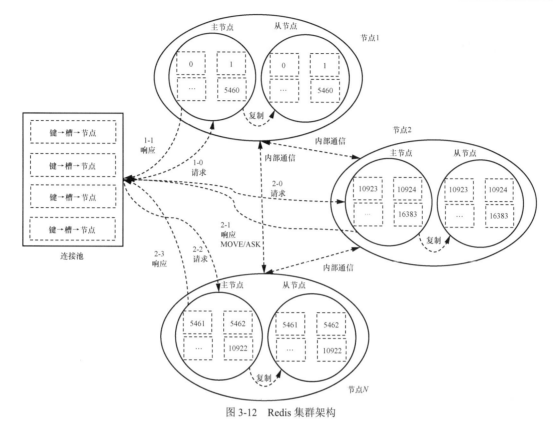

图 3-12　Redis 集群架构

- 智能客户端：智能客户端解决的是访问性能的问题。智能客户端会在本地维护一份节点和槽的对应分布信息，当客户端接收到请求后会从维护的对应信息中获取后端的节点以及对应的槽，如果出现数据迁移，那么本地维护的信息不会及时更新，仍然按照之前的映射信息访问指定的节点和槽，如果数据不存在，则会更新本地维护的对应信息，后续无须再次跳转操作。

- 故障发现及恢复：节点下线分为主观下线和客观下线，当超过半数节点认为故障节点为主观下线时，这个节点将被标记为客观下线状态。从节点负责为客观下线的主节点触发故障恢复流程，保证集群的可用性。

　　路由查询的优点是去中心化实现，部署比较简单，5.0 版本后自带节点扩容和 Codis，以及数据槽迁移工具，做到了业务无感知。

　　路由查询的缺点是带宽消耗较大，例如节点之间的定时 Gossip 消息交换以及 pub/sub 广播存在数据倾斜的问题，当节点过大时本身的性能不高，不过可采取智能客户端来改善此问题。

3.1.3　Redis 跨机房数据同步方案

　　对于 Redis 的跨机房数据同步方案，业界基本有主从服务器模式、代理服务器模式和多活服务器模式 3 种，下面分别介绍一下。

1. 主从服务器模式

这种模式利用 Redis 的主从服务器数据同步机制伪装为一个从服务器，通过 PSYNC 从主服务器拉取数据，并且将数据压缩、加密等自定义同步协议做聚合优化进行传输。它的架构模式如图 3-13 所示。

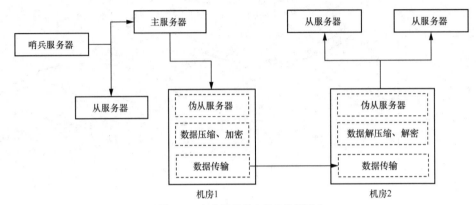

图 3-13 主从服务器多机房数据同步

它的实现流程如下。

（1）数据同步：通过实现一个数据同步模块，并且伪装成一个从服务器（伪从服务器），向主服务器发送 PSYNC 命令，获取全量 RDB 文件以及增量执行命令，对这些数据进行封装压缩、加密等一系列优化操作，并通过实现自有的数据通信协议进行传输，当另一个机房的同步服务接收到数据之后对其实现解压处理，并且加载到从服务器文件存储路径，同时将增量命令执行写入从服务器。

（2）数据同步服务高可用：通过一个注册中心来实现同步服务的故障发现，它们有主从备份，如果其中一个同步服务器宕机，可以拉起备用服务节点代替主同步服务。

（3）Redis 的高可用：通过主从模式及哨兵模式来实现，哨兵检测到主服务器宕机后，会切换到从服务器来进行替代。

这种模式只能做到单向数据传输，无法实现数据的双活。这种模式的开源实现可以参考阿里云 Redis&MongoDB 团队的 redis-shake 以及携程框架部门的 Xpipe。

2. 代理服务器模式

代理服务器模式主要是在每个 Redis 服务器端节点上封装一个代理层，它实现数据的代理转发及数据同步写入，以保障机房内及机房间的数据同步。代理服务器模式的架构方案如图 3-14 所示。

代理服务器模式的优点是：上层业务无感知，底层 Redis 数据自动同步。

代理服务器模式的缺点是：每个节点需要额外部署代理，在运维层面上会加大难度；由于每个节点的数据写入后需要同步到其他节点，因此随着节点的增多，写入性能较原生 Redis 会有较大降低；数据的同步策略不灵活，代理只能全部同步或者不同步，但是实际集群业务中有些需要同步，而有些不需要。

这种模式的实现可参考 Netflix 开源的 Dynomite。

3. 多活服务器模式

这种模式需要达到的效果是机房的 Redis 都可实现读写操作，称为多活。有以下几种方式实现数据的多活，下面均以两个机房为例。

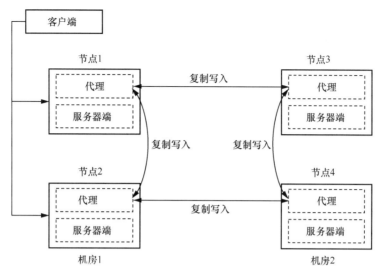

图 3-14 代理服务器模式的架构方案

- 业务层写入；
- 监听 Redis 的变更事件；
- 伪装从服务器获取写入命令；
- AOF（Append Only File）日志信息同步。

（1）业务层写入。

业务层写入模式的架构比较简单，如图 3-15 所示。

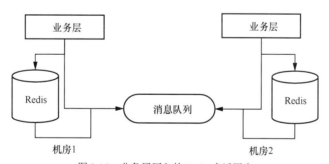

图 3-15 业务层写入的 Redis 多活同步

业务层写入 Redis 的时候，同时会写一份到消息队列，消息队列通过自带的机房同步方案在多机房间进行同步。它的优点是简单方便易操作，而不足之处主要在于对业务侵入性太强，不同业务之间无法共用。因此基于组件实现的方式就更具有优势，下面几种方式都是基于独立组件实现的 Redis 多活同步方案。

（2）监听 Redis 的变更事件。

这种模式是通过 Redis 提供的数据变更监听机制来实现数据获取，它是独立于业务的。数据同步的模式仍然可采取上面提到的消息队列模式，它的架构如图 3-16 所示。

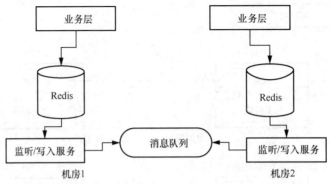

图 3-16 基于事件监听的 Redis 多活同步

在这种模式下，数据同步监听 Redis 的变更操作事件，机房 1 到机房 2 有同步，同时机房 2 到机房 1 也有同步，这样就会出现双向同步下数据循环复制的问题。那么如何解决这个问题呢？

可以采取添加数据源标记的方式来解决，例如添加 source 字段，通过该字段标记数据从哪个机房同步过来，如果机房 1 发现数据是从机房 2 同步过来的则接收，如果数据标记字段是机房 1，说明产生了循环复制，则丢弃此次同步的数据。Redis 监听事件的模式的最大弊端在于处理的性能有限。由于 Redis 监听事件通知性能有限，因此使用这种模式需要谨慎评估线上数据对时延的容忍度，如果业务对时延的容忍度很低，那么这种模式不太适合。

（3）伪装从服务器获取写入命令。

这种模式是基于 PSYNC 的主从服务方式来获取数据，先看一下它的架构，如图 3-17 所示。

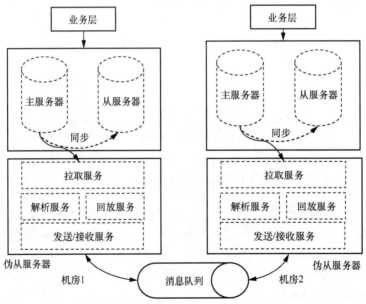

图 3-17 基于伪从服务器的 Redis 双活同步

图 3-17 的基于伪从服务器的 Redis 多活同步过程包含以下几点。

- 拉取服务: 伪装成一个 Redis 的从服务器（图 3-17 中的伪从服务器），并对主服务器发送 PSYNC 命令，发送这个命令之后，伪从服务器首先会获取到一个全量同步的 RDB（Redis DataBase）文件，之后就依据 runid offset 获取增量操作的命令进行增量同步。

- 解析服务: 解析服务主要是解析 RDB 文件，RDB 文件是以二进制格式存储的，按照文件存储的格式进行读取，RDB 的文件格式以及解析在这里限于篇幅不详述，可以参考开源工具，推荐通过 redis-rdb-tools 来了解具体的解析逻辑。

- 回放服务: 回放服务是将已经解析的 Redis 命令写入目的 Redis 集群，这里有一个问题，由于采取消息队列（message queue，MQ）进行传输，并且是多活写入，因此存在数据回放的顺序问题，可以在写入消息队列的时候带上时间戳，通过时间戳的先后顺序进行覆盖。

- 发送/接收服务: 将解析后的数据写入消息队列，以及从消息队列接收数据传递给回放服务。另外消息队列多向同步仍然会遇到数据循环复制的问题，解决方案和前面介绍的一致，这里不赘述。

（4）AOF 日志信息同步。

首先来看一下它的实现架构，如图 3-18 所示。

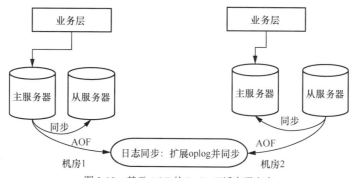

图 3-18　基于 AOF 的 Redis 双活实现方案

基于 AOF 的 Redis 多活实现方案要解决的一些核心问题如下。

- 日志同步: 把每一条 AOF 格式日志信息扩展为操作日志，以方便对操作信息的写入、对操作日志的同步，并保障同步操作是 exactly once。

- 唯一标识: 每条 oplog 包含一个全局唯一 ID，ID 又包含两部分，一部分是 Redis 实例 ID，用于解决循环同步的问题，另一部分是递增数字，保证有序和唯一。

- 数据最终一致性: 操作日志包含逻辑时钟信息，在目标端 Redis 执行合并时，使用无冲突复制数据类型（conflict-free replicated data type，CRDT）策略解决数据一致性问题。

这种实现可以参考阿里云的 ApsaraDB for Redis 实现。

以上各种模式的解决方案可以相互借鉴，例如消息的唯一标识、数据防止循环复制、数据最终一致性处理等。数据同步通道也不一定是消息队列，本节只是为了大家理解和使用方便，因此以消息队列来说明，原则上任意数据传输服务（data transmission service，DTS）都是可行的。

3.2 数据分发

因为时下数据分发应用最多的就是消息队列，所以消息队列在分布式应用系统的设计之中起着至关重要的作用，它的作用可分为 3 类。

- 提升性能：采取消息队列实现异步调用，将复杂的逻辑处理放到队列之后，可以提升数据接入层的处理性能，典型的使用场景有数据采集。
- 系统解耦：多服务之间进行数据通信和交互，实现数据总线及数据分发的功能，多服务之间通过数据总线实现解耦。
- 流量削峰：在这种场景下消息队列实现的是数据缓存池的功能，避免前端瞬时高并发的请求数据直接进入核心服务模块，从而造成处理瓶颈，因此可以将请求的数据先写入消息队列，实现数据流量的削峰处理。

消息队列组件种类繁多，主流消息队列的核心指标对比如表 3-2 所列。

表 3-2　主流消息队列核心指标对比

消息队列	RabbitMQ	ActiveMQ	RocketMQ	Kafka
协议支持	AMQP/XMPP/SMTP/STOMP	OpenWire/STOMP/REST/XMPP/AMQP	自定义/JMS（社区）	自定义/HTTP（社区）
消息批量操作	不支持	支持	支持	支持
消息推拉模式	pull/push 均支持	pull/push 均支持	pull/push 均支持	pull
高可用	主从模式，从提供备份	ZooKeeper+LevelDB 的主从实现	多主多从模式，同步双写	Leader 选举和 Follower 通过复制同步
数据可靠性	从服务器备份	从服务器备份	支持异步、同步刷盘及复制	复制机制保障数据实时可用可靠
秒级单机吞吐量（bit/s）	万级	万级	十万级	十万级
消息时延	微秒级	—	比 Kafka 快	毫秒级
持久化	内存及磁盘	内存、磁盘及数据库	磁盘	磁盘
有序性	单客户端支持有序	多客户端支持有序	多客户端支持有序	多客户端支持有序
事务	不支持	支持	支持	支持
集群	支持	支持	支持	支持
负载均衡	支持	支持	支持	支持

从表 3-2 可以看出，RocketMQ 和 Kafka 的吞吐能力相对更强，由于 RocketMQ 是参考了 Kafka 的架构实现，因此本节主要以 Kafka 为例来讲解消息队列的一些核心逻辑和实现方案。

3.2.1 Kafka 的分区机制及副本机制

Kafka 的分区保障了消息分发在服务器端的负载均衡以及系统的可扩展性，而副本保障了数据的可用性及可靠性，换句话说，它们是 Kafka 高可用、高吞吐量的基石。

1. 分区机制

Kafka 的分区写入示意如图 3-19 所示。

生产者向不同的分区写入，每个分区有一个主副本（Leader）和多个从副本（Follower），Leader 负责数据写入，Follower 负责数据同步复制，每次数据的写入采取向分区追加的模式，客户端生产者需要不断写入,那么需要什么样的分区机制来保障数据的负载均衡呢?

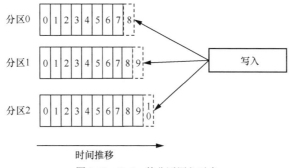

图 3-19 Kafka 的分区写入示意

Kafka 提供自带以及自定义的分区策略模式,先来看一下它自带的分区策略。

(1)轮询策略。轮询(round-robin)策略,也就是顺序分配策略,在每个消息需要分区的时候获取一个原子递增的数值,通过这个数值对后端的分区数进行取模实现,即指定一个变量 m,后端的分区数为 n,那么每次消息的分区算法如下:$(m+1) \% n$。它的分区示意如图 3-20 所示,消息 0 到消息 8 轮询地在分区 0 到分区 2 之中存储。轮询策略是 Kafka 的默认分区策略,也是效率最高的分区策略之一。

(2)随机策略。所谓的随机策略就是从后端任意挑选一个分区来存储消息,它的分区示意如图 3-21 所示。

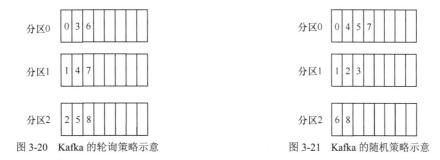

图 3-20 Kafka 的轮询策略示意   图 3-21 Kafka 的随机策略示意

这种策略的实现非常简单,用代码清单 3-1 所示的两行代码即可实现。

```
1.      List<PartitionInfo> partitions = cluster.partitionsForTopic(topic);
2.      return ThreadLocalRandom.current().nextInt(partitions.size());
```

先计算出该主题的分区总数,然后随机地返回一个小于它的正整数。

这种分区策略的最大弊端是数据均衡性比较差,Kafka 以前的版本中采取的是随机策略,现在默认的是轮询策略。

(3)自定义策略。自定义策略主要是依据业务属性和特点来实现的,以下是几种比较常见的自定义策略。

- 按消息键保存策略，键可以依据业务属性进行划分，这样就可以保障同样的业务被分配到相同的分区，由于 Kafka 支持单分区消息有序，因此这种策略对于同一业务可以很好地实现消息的有序性需求。按消息键保存策略的示意如图 3-22 所示。
- 按区域分区策略，这种模式是基于地理位置来进行分区的，适合 Kafka 在跨区域之间的大集群多机房模式，例如有南北两个机房，为了对南方用户进行拉活，给南方用户分配一些优惠券，南北机房分别接入，优惠券的处理在其中的一个主机房，这样消息就可以通过区域划分为南北写入消息队列，进而实现用户筛选。

（4）粘连分区策略。该策略是 Kafka 从 2.4.0 版本合入的一个分区策略优化，它的核心逻辑就是尽量将每个分区的队列先填满，也就是说在新分区产生前或者发送时延阈值触发前都向这个分区发送消息，这种模式的示意整理如图 3-23 所示。

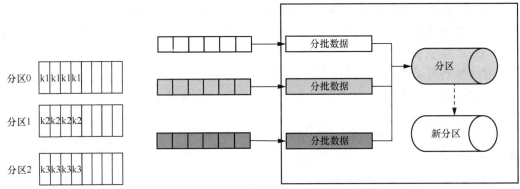

图 3-22　Kafka 的按消息键保存策略示意　　　图 3-23　Kafka 的粘连分区策略示意

粘连分区的特点是尽最大可能将一个分区的容量填满，再分配一个新的分区，而默认的轮询分区会预分配多个分区，达到指定容量或者时延阈值时才会触发发送，这样会导致分区容量填充率不如粘连分区的高。

Kafka 粘连分区实现示例如代码清单 3-2 所示。

代码清单 3-2　Kafka 粘连分区实现示例

```
1.   public class StickyPartitionCache {
2.     private final ConcurrentMap<String, Integer> indexCache;
3.     public StickyPartitionCache() {
4.         //用来缓存所有的分区信息
5.         this.indexCache = new ConcurrentHashMap<>();
6.     }
7.
8.     public int partition(String topic, Cluster cluster) {
9.         //如果缓存可以获取，说明已经有该主题的分区信息，那么使用之前的分区发送消息
10.        Integer part = indexCache.get(topic);
11.        if (part == null) {
12.        //否则触发获取新的分区算法
13.            return nextPartition(topic, cluster, -1);
14.        }
15.        return part;
```

```
16.      }
17.
18.      public int nextPartition(String topic, Cluster cluster, int prevPartition) {
19.          List<PartitionInfo> partitions = cluster.partitionsForTopic(topic);
20.          Integer oldPart = indexCache.get(topic);
21.          Integer newPart = oldPart;
22.          if (oldPart == null || oldPart == prevPartition) {
23.              List<PartitionInfo> availablePartitions = cluster.
                 availablePartitions- ForTopic(topic);
24.              if (availablePartitions.size() < 1) {
25.                  Integer random = Utils.toPositive(ThreadLocalRandom.current().
                     nextInt());
26.                  newPart = random % partitions.size();
27.              } else if (availablePartitions.size() == 1) {
28.                  newPart = availablePartitions.get(0).partition();
29.              } else {
30.                  while (newPart == null || newPart.equals(oldPart)) {
31.                      Integer random = Utils.toPositive(ThreadLocalRandom.current().
                         nextInt());
32.                      newPart = availablePartitions.get(random % availablePartitions.
                         size()).partition();
33.                  }
34.              }
35.              // 如果是新增主题的分区场景，就直接将分区添加到缓存，否则就更换分区场景，用新的分
                 // 区替换旧的分区
36.              if (oldPart == null) {
37.                  indexCache.putIfAbsent(topic, newPart);
38.              } else {
39.                  indexCache.replace(topic, prevPartition, newPart);
40.              }
41.              return indexCache.get(topic);
42.          }
43.          return indexCache.get(topic);
44.      }
45.  }
```

Kafka 社区给出的粘连分区和默认分区（轮询）的时延对比如图 3-24 所示。

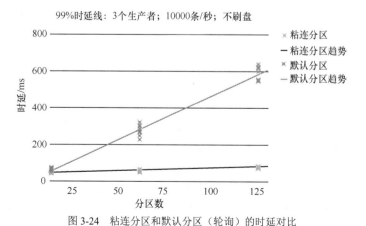

图 3-24　粘连分区和默认分区（轮询）的时延对比

从图 3-24 可以看出，两种模式在分区越多的情况下消息时延差就越大，这是因为对于粘连分

区，消息每次都尽量填满每个分区，减少了批数据提交的次数，降低了网络请求量，实现了单消息的时延降低，也就是说，随着分区的增多，默认的轮询分区里的消息填充率会逐渐减低，导致批提交请求的频率会逐渐增高。

2. 副本机制

Kafka 的副本是以分区为单位的，也就是说每个分区的数据有主副本，也有从副本，从副本会从主副本上拉取数据并更新到本地，因此从副本是主副本的一个热备份。Kafka 集群下的多副本架构如图 3-25 所示。

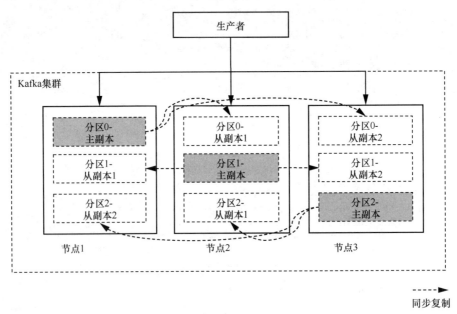

图 3-25　Kafka 集群下的多副本架构

要了解 Kafka 的多副本机制，首先需要了解它的几个核心概念。

- 主副本（Leader）：每个分区都有多个副本，针对每个分区，都有一个唯一的主副本，负责该分区的读写请求处理。
- 从副本（Follower）：从主副本拉取数据，作为主副本的热备份。
- 副本集合（assigned replica，AR）：主从副本的集合。
- 同步副本集合（in-sync replica，ISR）：与主副本消息镜像"相差不多"的副本集合，又称为"核心副本集"，这里所谓的"相差不多"是指和主副本数据基本同步，会用一个阈值来衡量，所以这个集合是动态的，其差值在阈值范围内的就添加进去，超过阈值就会剔除。
- HW（high watermark）：一个特殊的标记，称为水位，与 ISR 有关，用以标记该分区中哪些消息被提交确认了，对消费者来说，它只能看到被提交了的消息，也就是 HW 之前的消息。只有 ISR 中的副本都从主副本拉取了 HW 之后的那些消息后，主副本才会递增 HW，因此 HW 仅存在于主副本中，其在从副本中不存在。HW 的作用是保障消息在主副本切换时不丢失。

- LEO（Log End Offset）：每个分区都会有的一个标记，用来标示当前分区的最后一条消息。

这里仍然按照多副本架构图 3-25 所示的 3 个副本来分析，从副本和主副本之间的消息差超过 2 则从 ISR 剔除，小于或等于 2 则继续添加到 ISR。

下面来解释一下 AR、ISR、HW 和 LEO 四者之间的关系。

（1）时刻 *T*1，所有副本之间的消息差都小于 2，所以 AR 和 ISR 是一致的，其中从副本 1 和主副本消息一致，那么这两者的 LEO 为 5。而从副本 2 和主副本的消息差为 1，那么从副本 2 的 LEO 自然就是 4，而 HW 则和最小的 LEO 保持一致，也为 4，具体如图 3-26 所示。

（2）时刻 *T*2，从副本 2 由于网络原因没有进行同步。

（3）时刻 *T*3，主副本又接收到来自生产者的 2 条消息，发现从副本 2 和自己相差 3 条消息，触发 ISR 剔除阈值，此时只有主副本和从副本 1 在 ISR 中，如图 3-27 所示。

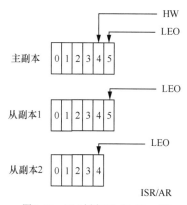

图 3-26　*T*1 时刻 ISR 和 AR 一致

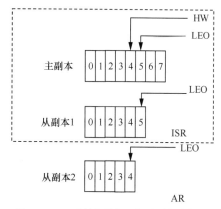

图 3-27　*T*3 时刻从副本 2 落后，被剔除 ISR

（4）时刻 *T*4，从副本 1 从主副本拉取消息 6，此时 HW 更新为 6，如图 3-28 所示。

（5）时刻 *T*5，从副本 2 的网络恢复，开始拉取主副本的消息进行追加，当消息差小于或等于 2 时继续添加到 ISR，AR 和 ISR 又一次保持一致，如图 3-29 所示。

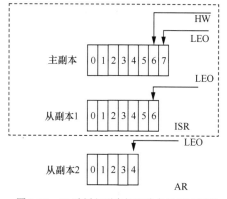

图 3-28　*T*4 时刻主副本拉取消息后 HW 更新

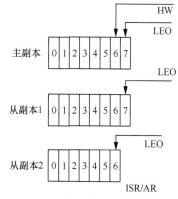

图 3-29　*T*5 时刻从副本 2 重新添加到 ISR

从上面的时序演进过程可以得出以下几个结论。

- ISR 永远是 AR 的一个子集，ISR 会被动态地添加和剔除，条件就是是否落后太多，即从副本和主副本之间消息的差值是否超过指定阈值。
- HW 代表着集群提交确认的水位值。

Kafka 有一个 ack 的设置项，具体设置字段是 request.required.acks，它的取值范围和 ISR 的关系说明如下：

- 1 表示主副本写入成功就返回；
- 0 表示无须等待主副本响应；
- −1 表示 ISR 都成功才返回。

如果设置为−1，就代表着消息可以实现高可靠性，即使此时主副本出现了故障，切换的主副本仍然可以获取最新的消息。

从消费者的角度来看，HW 保障了消息的可靠消费，也就是说消费者可见的 HW 一定是当前集群下最可靠的消息位置，即使此时主副本出现故障，其他新的主副本一定也会从 HW 开始的位置进行消息传递。

3.2.2 Kafka 高吞吐量实现方案

从表 3-2 中可以看出 Kafka 的吞吐量位居前列，虽然 RocketMQ 的吞吐量在它之上，但是其设计和架构思路仍然参考了 Kafka。那么 Kafka 的吞吐量为什么可以达到这么高呢？原因有以下几点。

1. 顺序读写

Kafka 的消息是落地到磁盘存储的，那么磁盘如何实现快速读取呢？这里再回顾一下前文讲到的 Kafka 的分区存储机制示意（图 3-19），消息是按照顺序追加到每个分区尾部的，这样保障了消息的顺序写入，而不是随机写入，这会产生极大的性能优势。这里给出学术期刊 *ACM Queue* 关于随机和顺序读取性能的对比结果图，这样能清晰地对比出顺序读取的优势，如图 3-30 所示。

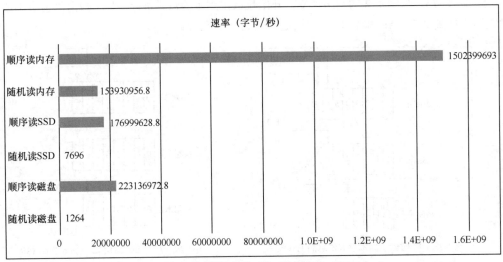

图 3-30 随机与顺序读取性能对比（数据来自 *ACM Queue*）

从图 3-30 可以看出：

- 顺序读磁盘比随机读内存的性能高；
- 顺序读磁盘较随机读磁盘的性能要高出 5 个数量级。

数据如果一直落盘不删除也不行，所以 Kafka 也提供了两种可配置的数据删除策略，一种是基于时间，另一种就是基于分区文件的大小，以此来保障磁盘的数据存储容量。

2. 零拷贝

Linux 系统的"零拷贝"机制避免了数据在内核态和用户态之间的多次拷贝，而这样的拷贝就是性能消耗最大的地方，例如 Linux 系统的 sendfile()方法可以将数据直接从内核态的页缓存（page cache）发送到网络接口卡（network interface card，NIC）的缓冲区。Java 的 NIO 提供了 FileChannel，它的 transferTo()和 transferFrom()方法也是"零拷贝"实现。"零拷贝"的机制如图 3-31 所示。

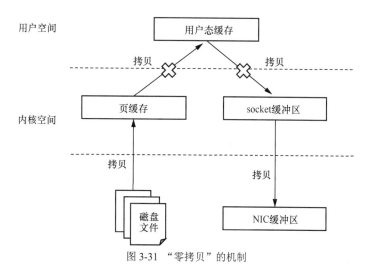

图 3-31 "零拷贝"的机制

怎么利用好"零拷贝"呢？那就是批文件传递加偏移量获取的方式，这样可以将整块的文件（也就是批消息）发送出去，例如 Linux 的 sendfile()方法有以下几个参数。

- out_fd 作为输出（一般是 socket 的句柄）。
- in_fd 作为输入文件句柄。
- off_t 表示 in_fd 的偏移量（从哪里开始读取）。
- size_t 表示读取的字节数。

Kafka 内部就是将需要输入的文件句柄以及消费者存储的消息偏移量和一次获取的消息量作为参数最终传给系统文件发送方法，实现大批量数据的下发，所以这时只要网络带宽足够，消息就可以以较低吞吐损耗下发下去。

3. 页缓存

如果只是消息到磁盘的顺序读写，还不足以成为高性能的典型，所以 Kafka 还利用了操作系统的页缓存技术，利用内存来提升 I/O 效率。

页缓存通过内存映射文件（memory mapped file）实现文件到物理内存的直接映射。完成映射之后，对物理内存的操作会被同步到磁盘上（操作系统在适当的时候）。相比用户态的内存，页缓存有如下两个优势。

- 避免用户态对象的内存额外占用，例如使用 Java 堆时，Java 对象的内存消耗比较大，通常是所存储数据的两倍甚至更多。
- 避免用户态的内存垃圾回收，用户态的内存垃圾回收会导致运行复杂和缓慢。

因此，利用基于操作系统的页缓存，Kafka 的数据都在内存操作，性能又进一步提升。

4. 日志存储及查询

之前说了 Kafka 的数据存储是按照分区存储的，但是写入文件的最小单位是段（segment），即一个分区有多个段，那么如何提升数据存储和读取性能呢？Kafka 采取了跳表加索引查询的模式，如图 3-32 所示。

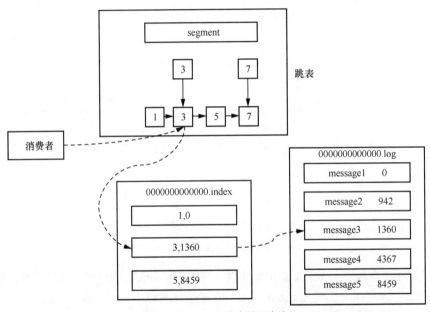

图 3-32　Kafka 日志存储及查询

消费者拉取消息的时候首先从日志的 segment 里的跳表结构查询到消息的偏移量，例如图 3-32 中查询到的消息偏移量是 3，再在索引文件里按照消息偏移量查询它在日志文件里对应的日志偏移量，例如图 3-32 中消息偏移量为 3，在 .index 文件里对应的日志偏移量是 1360，接下来直接访问位置 1360 获取消息 message3。通过跳表加索引的结构，不仅数据查询的效率提升了，数据查询的并行度也提升了。

5. 批量读写

数据的批量读取和写入主要是为了解决频繁的网络 I/O 带来的性能消耗问题，例如以极端情况来看，假设有 10000 条消息，一次网络请求读写 10000 条与每次读写 1 条且用 10000 次完成相比，显然是前一种方式更具性能优势，其实这也是前面讲到的粘连分区的一个优势，它可以将每次分区的容量填充率变得更高，减少消息的网络 I/O 传输，从而实现更低的网络时延。同样，在"零拷贝"里面的批量获取容量也是类似的道理。

6. 批量压缩

上面对磁盘、内存、CPU 等各个层面进行了优化，但是网络 I/O 传输中最大的损耗由每次传输的消息大小来确定，对于需要在广域网上的数据中心之间发送消息的数据流水线尤其如此。进行数据压缩虽然会消耗少量的 CPU 资源，但是对 Kafka 而言，网络 I/O 资源的占用和优化同样也需要考虑。

- 如果只是对单个消息进行压缩，压缩率就会很低，所以 Kafka 采用了批量压缩，即将多个消息一起压缩而不是压缩单个消息。
- Kafka 允许使用递归的消息集合，批量的消息可以通过压缩格式传输并且在日志中也可以保持压缩格式，直到被消费者解压缩。
- Kafka 支持多种压缩协议，包括 Gzip 和 Snappy 压缩协议。

7. Reactor 网络模型

还有值得关注的一点是，Kafka 在客户端和服务器端之间通信实现的 Reactor 网络模型是一种事件驱动模型。那么一个常见的单线程 Reactor 模型下，NIO 线程的职责都有哪些呢？答案如下。

- 作为 NIO 服务器端，接收客户端的 TCP 连接。
- 作为 NIO 客户端，向服务器端发起 TCP 连接。
- 读取通信对端的请求或者应答消息。
- 向通信对端发送消息请求或者应答消息。

以上 4 点对应的一个 Reactor 模型的架构如图 3-33 所示。

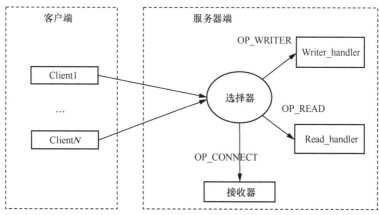

图 3-33　Reactor 模型的架构

图 3-33 中客户端和服务器端涉及的名词的含义如下。

- 选择器（selector）：也可以称为多路复用器，它是 Java NIO 的核心组件，用于检测 NIO 通道的状态是否可读或可写。
- 接收器（acceptor）：用于监听网络连接端口和请求。

- OP_WRITE：NIO 的可写状态，调用 Writer_handler 处理。
- OP_READ：NIO 的可读状态，调用 Read_handler 处理。
- OP_CONNECT：NIO 的可连接状态，由客户端主动连接触发，调用接收器处理。

对于一些小容量的业务场景，这种单线程的模式基本够用，但是对于高负载、高并发的应用场景，这种单线程的模式并不适合，主要有以下几个原因。

- 并发性问题：一个 NIO 线程同时处理数十万甚至百万级的链路，性能是无法支撑的。
- 吞吐量问题：如果超时发生重试，会加重服务器端的处理负载，从而导致大量处理积压。
- 可靠性问题：如果单个线程出现故障，整个系统将无法使用，会造成单点故障。

因此，要实现一个高并发的处理服务，需要对以上架构进行优化，例如采取多线程处理模式，同时将接收线程的逻辑尽量简化，相当于将接收线程作为一个接入层。Kafka 的 Reactor 网络模型就是依据这些因素进行优化的，如图 3-34 所示。

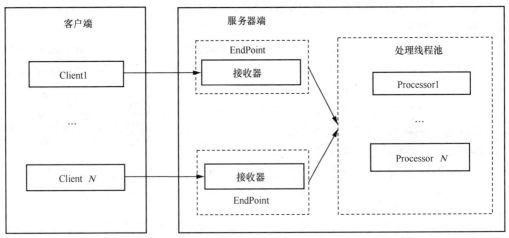

图 3-34　Kafka 的 Reactor 网络模型

Kafka 采取了多线程处理请求机制，如图 3-34 中处理线程池所示，并且依据网卡的个数（在 Kafka 源码里面采用 EndPoint 表示）启动相应的接收监听线程（图 3-34 中的接收器），从整体上来看实现了多线程接收监听器以及多线程处理器，保障了在消息请求接入层的处理性能，并且解决了高可用问题。

3.2.3　Kafka 跨机房双活方案

Kafka 实现跨机房双活同步可以采用官方给的数据同步工具 MirrorMaker，这个工具现在有两个版本：MirrorMaker1.0 和 MirrorMaker2.0（后文统一简写为 MM1 和 MM2）。MM2 和之前的架构完全不一样，它在功能层面（如容灾恢复、性能同步、多机房双活、动态配置等方面）有更大的改进，这里分别介绍 MM1 和 MM2 两个版本在机房双活实现上的方案以及优缺点。

1. MM1

一般来说业务在多机房场景下就是两种情况的 Kafka 消息同步，一种是多机房的单向同步，另一种是多机房的双向同步。单向同步就是简单将一个机房的主题消息同步到另一个机房对应的主题上，如图 3-35 所示。

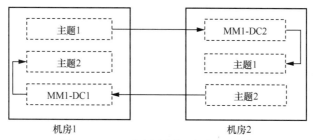

图 3-35 MM1 单向同步实现机房双活同步

由于 MM1 只能同步相同主题的消息，因此当多机房采取单向同步实现双活时，就需要考虑新建两个主题，例如机房 1 写入主题 1，然后通过 MM1 将主题 1 的消息同步到机房 2 的主题 1，机房 2 写入的消息从主题 2 再同步到机房 1 的主题 2，这样两个机房的生产者只要往各自主题写入并同时订阅两个主题的消息，就可以消费所有的消息，从而实现机房的双活。

另一种方式是对同一主题的双向同步。由于 MM1 只能同步同一个主题，因此如果只是在同一个主题上双向同步就会造成消息循环复制的问题，要解决这个问题，可以在业务层写入的时候就把消息所在机房标识写进去，如果是本机房的消息，接收到就丢弃，只保留其他机房同步过来的数据，但是这样会对业务层造成侵入，通用性不好。另一种比较好的做法就是图 3-36 所示的这种架构方式。

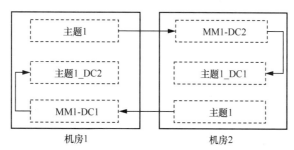

图 3-36 MM1 双向同步实现机房双活同步

看到这个图其实大家比较容易理解，就是对各个机房的主题人为地添加一些标识，例如后缀，图 3-36 的后缀是 DC1 和 DC2，这样不同机房间的消息就可以同步不同的主题了，避免了消息的循环复制问题。但是问题来了，前面也讲了 MM1 只支持同主题复制，加了后缀后如何实现复制呢？这里有一个开源工具代码 mirrormaker_topic_rename，它可以实现指定源主题和目的主题的参数传递，但要结合 MM1 提供的--message.handler 参数和--message.handler.args 参数来实现，其使用示例如下：

```
--consumer.config consumer.properties --producer.config producer.properties --white
list test_.* --message.handler com.opencore.RenameTopicHandler --message.handler.args `t
est_source,test_target`
```

虽然可以通过以上一些方案实现业务场景的多活数据同步，但是 MM1 相对来看还存在如下一些问题。

- 多集群复制下就需要不断添加 MM1，这样做会导致复制架构变得异常复杂。
- 同步的配置信息不支持动态配置，这些配置信息包括新加一些主题订阅，多个机房的指定同步关系（如机房 1 同步到机房 2、机房 2 同步到机房 3）等。
- 双活的配置仍然需要借助外部组件来实现。
- 容灾备份的恢复，例如假设机房 2 是机房 1 的备份，当机房 1 出现故障切换到机房 2 的时候消费者只能从头开始拉取消息，导致消费重复。

针对以上问题，Kafka 官方推出了 MM2 版本，从架构上全部进行了更换。

2. MM2

Kafka 的 MM2 采取了协调器（coordinator）来协调和处理动态化的配置以及对工作实例（worker）的管理，每个工作实例都有一个生产者（producer）和一个消费者（consumer），还有一个连接器（connector）负责不同集群之间的连接管理。它的双活架构如图 3-37 所示。

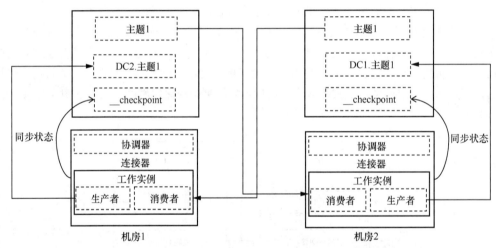

图 3-37　MM2 机房双活同步架构

对于多集群同步问题，采用连接器处理，一个 MM2 同步节点针对一组集群的同步（例如图 3-37 中的机房 1 和机房 2 的两个集群）只需要开启一个连接器，所有该集群组下的同步配置都可以在这个连接器下进行设置。

对于动态的配置下发，上面讲到新建一个连接器可以进行集群配置，而配置的设置在 MM2 里通过 REST API 来实现，它的 API 访问地址的分层关系如下：Connectors/{connector}/tasks/{task}。其中 {connector} 代表是的集群同步连接器的名称，而 {task} 就是每个工作实例的 ID，例如分配了 3 个 task，它们分别是 0、1、2。这些配置通过 get、delete、post 等标准操作可进行获取、删除和修改，并且实时生效。

对于双活的实现，由于采取的是副本主题的方式，例如图 3-37 中机房 1 的主题 1 同步到机房 2 后命名为 DC1.主题 1，因此不存在数据循环复制问题，消费者订阅主题消费的时候只需要正则匹配*.主题 1 即可获取全量的消息。

对于架构扩缩容问题，提供了分布式协调器来处理，新建 MM2 的处理节点，并且将负责迁移的工作实例分布到多个节点上进行迁移，多个工作实例之间通过消费者的配置信息可实现竞争消费或者广播消费，消费者之间通过竞争消费就可以实现消费性能的扩容。

对于容灾场景下的消息恢复问题，MM2 会从每次拉取的消息中提取出 groupid、topic、partition、sourceOffset、targetOffset、metadata 等字段，再写入名为 "__checkpoint" 的内部主题。因此，在 MM2 中，通过使用 "__checkpoint" 主题，消费者在故障转移后，可以直接从需要开始消费的目的集群偏移量位置开始消费，避免了重复消费。

MM2 提供了这个场景获取的接口，在 RemoteClusterUtils 里面，如代码清单 3-3 所示。

```
1.    Map<TopicPartition, OffsetAndMetadata> translateOffsets(Map<String, Object>
      properties,
2.    String targetClusterAlias, String consumerGroupId, Duration timeout)
```

接口含义说明如下。

- properties：MM2 的配置文件信息，例如目的集群的 bootstrap.servers。
- targetClusterAlias：目的集群别名。
- consumerGroupId：源消费者所处的组 ID。

虽然 MM2 有上述诸多优点，但是未来仍然可以在以下两个方面进行优化。

- 跨集群精准一次消息复制。Kafka 集群提供了精准一次语义（exactly-once semantics，EOS）的处理机制，但是该机制只针对同一个集群，跨集群情况下无法实现。在目前 MM2 的架构里，消费者从源集群拉取消息并且将消息拉取的偏移量写入源集群的 "__consumer_offsets" 主题，但是消息的生产者是写入目的集群，这两次写入是跨集群的。后续可以考虑将消费者从源集群拉取的消息偏移量直接写入目的集群的自定义主题中（如 __offset_sync），这样就可以保证两次操作都在同一个集群下，实现消息精准一次写入。
- 对等复制实现高吞吐量。在复制 Kafka 集群的场景中，如果源集群和目的集群存在相同主题、相同分区数、相同的分区方案、相同压缩、相同序列化器/反序列化器，那么我们称之为对等镜像。在这种情况下，理想情况是将一批记录作为字节流进行读取并将其写入而不进行任何处理。这样就可以绕过消费者拉取、解析、序列化、生产者写入这些流程。对等复制可以提供比传统方法更高的吞吐量。

3.3　数据存储

数据存储常规的划分方式是分为关系数据库和非关系数据库。关系数据库的存储易于理解和使用，例如 MySQL，但是当它面临海量数据存储及高并发查询的时候，性能就成为巨大的瓶颈，例如磁盘的 I/O 以及多表之间的关联查询等。这时各种业务场景下的非关系数据库陆续登场，例如前面讲到的基于键-值对的缓存数据库 Redis、面向文档型数据存储的 MongoDB、面向内容搜索的数据库 Elasticsearch、面向可扩展的分布式数据存储的 HBase 以及面向海量图关系存储的数据库 Neo4j。由于篇幅有限,下面会以这些典型数据库代表作为示例,介绍一下它们在高可用以及在高性能上的优化措施。

3.3.1 关系数据库 MySQL

对于 MySQL,这里主要讲一下它的高可用实现方案以及现有方案的一些缺点和可能改进的地方。行业内时下比较通用和成熟的 MySQL 高可用方案是 MHA,它由日本 DeNA 公司开发,在 MySQL 故障切换过程中,MHA 能做到在 30 秒之内自动完成数据库的故障切换操作,并且在进行故障切换的过程中,MHA 能在最大程度上保证数据的一致性。MHA 架构如图 3-38 所示。

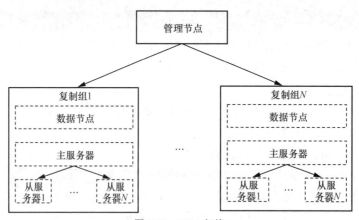

图 3-38　MHA 架构

MHA 架构主要包含以下两个部分。

- 管理节点(MHA manager):可单独部署在独立服务器上,用来管理所有的主从节点集群。它的主要功能包括 MHA 配置状况、MySQL 数据复制状况检查,主服务器宕机检查和故障转移。
- 数据节点(MHA node):每个主从服务器上都有部署。它的主要功能包括复制主服务器的二进制日志,识别有差异的中继日志(relay log)并将有差异的日志数据应用到其他从服务器中,消除中继日志。

MHA 的工作流程如下。

(1)宕机探测:通过探测器探测主服务器,如果 3 次无心跳响应则视为主服务器宕机。

(2)日志复制:通过 SSH 连接到主服务器,并将主服务器保存的二进制日志复制到各个从服务器。

(3)选主:通过一定的算法将含有最新更新的从服务器升级为主服务器。

(4)日志补偿:对于 SSH 无法连接的场景,采用有差异的中继日志补偿到其他从服务器。

MHA 虽然可以有效并快速实现主从故障切换,但是它还是有如下几个典型的问题。

- 无法分类识别故障,例如无法识别网络、MySQL 节点及硬盘故障。

- 连接压力太大导致响应问题，会产生误识别。
- MHA 和主服务器节点以及从服务器节点之间的网络分区导致脑裂，例如 MHA 和主服务器节点的网络不通，但是和从服务器节点的网络正常，实际上主服务器节点和业务端的网络是正常的，这时 MHA 会在从服务器节点中又选出一个主服务器节点，从而出现双主，导致脑裂问题。

针对这些问题，有以下解决方式。

（1）故障识别优化。

可以在每个 MySQL 的实例节点上部署一个代理和探测服务，它的探测模式如下。

通过探测 MySQL 的连接数、内存及磁盘读写，可以区分出是 MySQL 节点故障还是节点所在的服务器故障，该环节称为单节点探测。之后可以查看主从同步状态以及采用主数据库连接账号来连接主数据库探测故障是否由于主数据库异常导致，该环节称为主从节点探测。最后上升到集群探测，例如主数据库反复故障是通过切换的时间间隔和频次来判断的，同时还需要判断副本是否满足要求，如果不满足则需要通知人工介入，如果满足则采取集群自动选举切换。

（2）脑裂问题优化。

这里出现的脑裂问题是由于网络分区导致的，因此要解决脑裂问题，可选择多节点分布式选举，依据业务场景有以下两种方式。

- 对于单区域内集群节点，可通过分布式一致性协议（如 Raft 或者 Paxos）进行自主选举解决，但是该模式仅适合较小集群。
- 如果每个数据节点就是一个代理端，那么数百或者上千个节点会出现选举效率低下的问题，这种情况可以考虑按照区域将数据节点分为代理端和区域管理端，代理端负责将管理端控制在一定的数量范围内，管理端负责进行选举，从而提升选举效率。同时，一旦某一区域出现故障，就暂停该区域所有主数据库，杜绝出现脑裂问题。

3.3.2 列式存储数据库 HBase

HBase 和 Hadoop 有着非常密切的关系，Hbase 是 Hadoop 在 2007 年依据 BigTable 的设计理念成立的数据存储服务项目，并于当年 10 月发布。虽然 HBase 也可以独立于 Hadoop 部署，但是行业实践非常少，也就失去了它存在的意义，所以 HBase 一般都是基于 Hadoop 的 HDFS 进行存储实现。先来看一下 HBase 的架构，如图 3-39 所示。

HBase 架构中涉及的核心术语如下。

- ZooKeeper：保存 HBase 的入口表信息以及一些临时信息。
- Master：管理 RegionServer 的状态，为 RegionServer 分配具体的 Region。
- RegionServer：外部访问的服务器，承载对 HBase 数据的读取或者写入操作。
- HLog：HBase 的写日志记录，为了保障数据的故障恢复，它发生在数据写入 HFile 之前。
- HFile：HBase 的数据存储结构，它承载了 HBase 的详细键-值（key-value）信息对。
- DataNode：HDFS 的数据落盘节点。

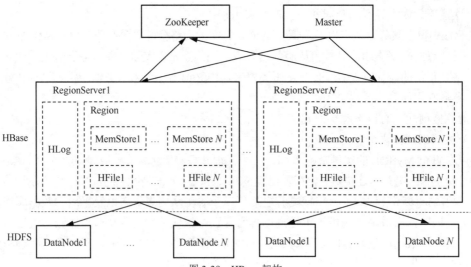

图 3-39 HBase 架构

HBase 通过如下一些措施来保障整体的性能。

- **分布式**。HBase 通过 Master 来管理 RegionServer，而每个 RegionServer 又负责多个 Region，这些 Region 可以分布在多个服务器上，这样的设计保障了存储服务的可扩展性以及高性能读写。
- **内存写入**。每个 Region 接收到写入请求时会将数据写入内存的缓存空间，也就是图 3-39 中的 MemStore，写入 MemStore 的数据会在内存进行排序，当写入的数据超过每个 MemStore 的阈值时，就会触发刷入磁盘操作，写入数据的时候也是追加写入，以提升刷盘的效率，这点和 Kafka 的数据按顺序追加写入以提升性能的方式相似。对客户端来说，写入 MemStore 就可以返回，所以 HBase 的写入操作性能非常高。
- **读取性能**。HBase 的读操作都是基于行键主键索引的。客户端的读请求会依据行键的信息转发到指定的 RegionServer，RegionServer 首先会依据行键去 MemStore 查询（这块区域可以理解为写入缓存），如果有则返回，如果没有则到读取缓存查询，如果仍然没有则直接穿透到 HDFS 上读取，先缓存到读取缓存后再返回。
- **数据落盘的可靠性**。从上面看到 HBase 的数据是先写入内存 MemStore 就直接返回了，这样会导致数据丢失吗？关于这点 HBase 是通过预写日志（write ahead log，WAL）机制来保障的，就是图 3-39 中的 HLog，当每个数据发送到 Region 之前就已经被 RegionServer 写入 HLog 中，如果此时内存出现故障导致数据丢失，仍然可以通过 HLog 来进行恢复。

HBase 的分区是动态分区，即数据总量和分区数呈正比，这样保障了少量数据的查询性能以及大量数据的存储性能。动态分区示意如图 3-40 所示。

HBase 动态分区的实现过程如下。

（1）初始化一组分区（预分区），例如 0～100 在分区 0，101～200 在分区 1，依次类推。

（2）如果一个分区的大小超过指定阈值，则将该分区切分为两个分区，每个分区对应一个节点，每个节点可以处理多个分区，这样数据切分后就可以负载到多个节点中。

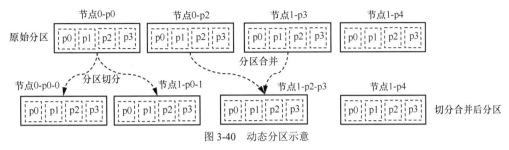

图 3-40　动态分区示意

（3）如果大量数据被删除并且分区缩小到某一个阈值之内，就将相邻的两个分区进行合并。

分析 HBase 的一些架构和性能方面之后，现在来总结一下它的适用场景。

- 写密集而读较少的场景。由于内存写入机制导致它的写入性能较高，但是读取时其主键单一，以及读取存在磁盘穿透的场景，因此非常适合即时通信服务或者日志服务。
- 海量数据增长以及对可用性要求高的应用。它的多 RegionServer 部署模式支持数据的分布式存储和扩容，没有单点故障，并且还支持在线扩容以及业务横向字段的添加。
- 简单的关系查询场景。由于 HBase 具有分布式存储特性，因此其在小范围的查询还可以轻松应对，但是大范围查询需要数据聚合处理，性能上就会有影响；同时也不支持连表查询特性，所以需要多字段查询时就要求表字段的冗余设计，增加了列数据字段。

3.3.3　文档型存储数据库 MongoDB

MongoDB 是由 10gen 公司提供的一个开源的、模式自由的、面向文档存储的分布式数据库，旨在为 Web 应用提供可扩展的高性能数据存储解决方案。它的最大特点在于类 JSON 的数据的存储结构 BSON（Binary JSON），它支持丰富的数据存储类型，例如结构化字段以及图片和视频等非结构化信息的二进制内容，适合高性能和高可用的数据查询场景。由于篇幅有限，这里主要介绍 MongoDB 的集群实现方案以及跨机房场景下的数据同步方案。

MongoDB 的集群实现有 3 种方式，分别是主从复制、副本集和分片。

1. 主从复制

主从复制方式采取的是一个主节点加多个从节点的部署方式。MongoDB 主从复制架构如图 3-41 所示。

主节点负责数据的写入或者读取，从节点负责数据读取。主节点的每次数据操作都会记录到操作日志（oplog），操作日志在一个名为 oplog.$main 的集合里，这个集合中的每个文档都代表主节点上执行的一个操作。这个集合采取的是固定集合，也就是新的操作会覆盖之前的操作。每个从节点会定时从这个集合中拉取操作日志信息并在本机执行，以实现数据的主从同步。当主节点出现故障时这种模式是无法自动切换的，需要依靠人工处理。

2. 副本集

副本集和主从复制的最大区别在于，副本集可进行自动选举，以实现故障的自动转移。

MongoDB 副本集架构如图 3-42 所示。

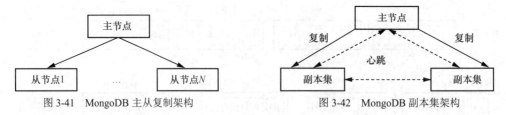

图 3-41 MongoDB 主从复制架构　　　　图 3-42 MongoDB 副本集架构

它包括一个主节点和若干从节点或者仲裁节点（只参与投票的节点）组成的副本集。通过心跳来检测集群中节点的存活状态。每隔 2 秒每个节点会向副本集中的其他节点发送一次 pings 包，如果其他节点在 10 秒之内没有响应就标识为不能访问。每个节点内部都会维护一个状态映射表，表明当前这个节点的角色、日志时间戳等关键信息。如果是主节点，除了维护状态映射表，还需要检查自己能否和集群内的大部分节点通信，如果不能，则把自己降级为从节点。

MongoDB 副本集选举采用的是 Bully 算法，这是一种协调者（主节点）竞选算法，其主要思想是集群的每个节点都可以声明它是主节点并通知其他节点。别的节点可以选择接受这个声明，或者拒绝接受并进入主节点竞争，被其他所有节点都接受的节点才能成为主节点，一般是唯一标识的 ID 最大者作为主节点。

3. 分片

MongoDB 的分片集群是类似于 MySQL 的水平分表的方式，可以将一个集群的数据分片存储到不同的服务器，实现数据的水平扩展，其架构如图 3-43 所示。

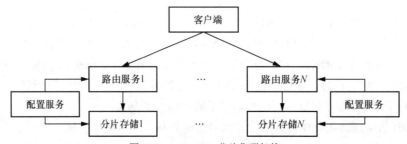

图 3-43 MongoDB 分片集群架构

它由 3 个部分组成，分别是路由服务、配置服务和分片存储。

- 路由服务：数据请求的接入层，负责将请求分发到指定的分片存储，一般来说采取多路由服务部署可实现故障转移。
- 配置服务：它为路由服务提供路由表的功能，它存储了所有数据库的元信息（如路由、分片）的配置，路由服务中的路由表信息是在内存中的，它在每次启动或者配置表发生变化的时候都会更新加载进来，一般出于高可用的考虑会部署多个。
- 分片存储：它就是分片的存储服务，用于实现数据的分布式可扩展部署。实际部署中一般采取副本集部署的方式，可实现故障的自动转移以及数据的高可用。

了解了集群实现之后，接下来介绍多机房的数据同步和部署方案就会更容易理解一些。

MongoDB 的多机房部署方案可以归纳为以下两种。

（1）副本集模式。

这种模式和前面介绍的副本集集群实现一致，但是这种模式的最大问题在于跨机房复杂网络条件下的数据同步容易出现复制时延以及重新全量同步的情况，这对于复制效率有很大的影响。阿里云推出了一款开源的 MongoDB 数据迁移工具 MongoShake，其架构如图 3-44 所示。

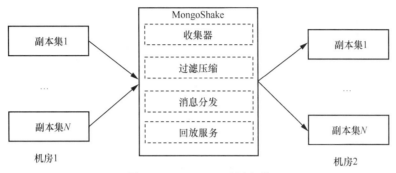

图 3-44 MongoShake 同步架构

MongoShake 从源数据库抓取操作日志，通过消息分发服务发送到不同的服务，消息分发支持多种模式，例如直接写入、RPC、TCP 连接、Kafka 写入以及文件写入等。消费者则通过消息分发通道进行订阅，也可以通过自定义 API 的方式灵活接入。

MongoShake 也提供了并行复制的能力，复制的粒度选项（shard_key）可以为 id、collection 或者 auto，不同的文档或表可能进入不同的哈希队列并发执行。id 表示按文档 ID 进行哈希，再分发到指定队列；collection 表示按表哈希后再分发到指定队列；auto 表示自动配置。如果有表存在唯一键，则采用 collection 选项，否则采用 id 选项。

数据同步过程中另一个重要的问题就是数据的冲突检测，例如对一个键的多次修改操作，通常做法是依据时间顺序处理，后修改的覆盖前面修改的，但是如果所有的数据都按照这种模式处理就会将数据同步串行化，降低了同步效率。为了提升同步效率，在回放服务中引入多线程并发回放，因此同一个键的多次操作就不能放在一起处理。MongoShake 引入了将操作日志批处理的方式，连续的 k 个操作日志打包为一个批，但是这个 k 如何划分呢？首先将操作日志引入一个字段 uk，它包含某个唯一键 key 及当前值 value，例如 key 为 a 的当前值为 1，则表示为 uk={a:1}。如果将 key 为 a 的值从 1 修改为 2，则表示为 uk={a:1}=>uk={a:2}。之后再引入两种模式解析日志，一种是插入栅栏 barrier，另一种是构建关系依赖图。由于篇幅有限，这里重点介绍一下插入栅栏 barrier 的做法，关于构建关系依赖图，读者可以到 MongoDB 官方网站上阅读了解。

通过插入栅栏 barrier 将批日志拆分，实现每个段内并发。barrier 分割法如图 3-45 所示。

开始的时候，批日志中有 9 条操作日志，通过分析 uk 关系对其进行拆分，比如第 3 条和第 4 条日志，在 ID 不一

```
1. ID=1, op=i, uk={a:2}
2. ID=2, op=i, uk={a:3}           } 段
3. ID=2, op=u, uk={a:3} => uk={a:1}  barrier
4. ID=3, op=i, uk={a:3}
5. ID=3, op=d, uk={a:3}           barrier
6. ID=3, op=u, uk={a:2} =>uk={a:3}  barrier
7. ID=3, op=u, uk={a:3} =>uk={a:5}
8. ID=2, op=d, uk={a:6}
9. ID=4, op=i, uk={a:7}
```

图 3-45 barrier 分割法

致的情况下操作了同一个 uk={a:3}，那么第 3 条和第 4 条日志之间需要插入 barrier（修改前或者修改后无论哪个相同都算冲突），第 5 条和第 6 条、第 6 条和第 7 条同理。同一个 ID 操作同一个 uk 是允许的，因此第 2 条和第 3 条可以分到同一个段中。拆分后，段内根据 ID 进行并发，同一个 ID 仍然保持有序：比如第一个段中的第 1 条和第 2 条、第 3 条可以进行并发，但是第 2 条和第 3 条需要顺序执行。

　　MongoShake 除了上面介绍的一些特性还有全量和增量同步、断点续传以及双活同步（需要修改 MongoDB 的源码来添加 ID）等特性。整体上来看副本集同步这种模式虽然不能实现跨机房双活，但是可以实现跨机房读写分离部署。

　　（2）交叉部署模式。

　　交叉部署模式最终采取的也是副本集，只是在多机房间采用交叉部署并且分片存储的模式，如图 3-46 所示（图中以 3 个机房交叉部署作为示例）。

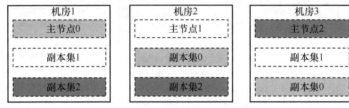

图 3-46　MongoDB 多机房交叉部署架构

　　例如，机房 1 接收来自本机房解析区域的请求后，将数据直接写入主节点 0，机房 2 接收本机房数据写入主节点 1，机房 3 写入主节点 2，这样就保障了多机房间的数据依据区域实现了分片，但同一个机房如何读取到全量数据呢？采取副本集交叉部署的模式即可，如图 3-46 所示。副本集都分布在不同区域的机房，这样每个机房在进行数据查询的时候只需要通过一个路由表就可以本地查询到对应的数据。整体来看，每个机房都实现了数据写入和全量数据的读取。

　　这种模式的特点是实现比较简单，但是部署的拓扑结构会略复杂一些，同一个分片副本集之间的数据同步建议也采取 MongoShake 来实现，这样可以避免由于网络故障出现主从切换问题，同时也可以提升数据同步的效率。

　　总结一下 MongoDB 的适用场景可以归纳为以下几种。

- 读写密集型的应用场景，例如需要满足单机环境下 2000 以上的读写性能要求的场景。
- 地理位置查询服务，例如 O2O 场景下在存储骑手和商家的地理位置信息后，依据 MongoDB 的地理位置查询服务，可以快捷地统计出骑手和商家的匹配关系。
- 数据模型无法确定的场景，例如新应用刚实现时经常会变更或者添加字段，MongoDB 的字段基于类 JSON 模式可动态添加，以适应需求的快速变化。
- 应用需要海量级数据存储，例如 TB 甚至 PB 级。
- 应用不需要事务及复杂的连表查询场景。

3.3.4　图数据库 Neo4j

　　图数据库也是 NoSQL 数据库家族中的一个成员，它的功能是将实体之间的关系进行存储，例如社交网络中人与人之间的关系信息就非常适合用图数据库来存储。传统的关系数据库要实现这种查询需要对多个关系表做复杂的连表查询，而在图数据库中仅仅一条查询语句即可实现，大大提升了类似场景下的数据查询效率。

市面上有多种图数据库，如 Neo4j、TigerGraph、GraphDB 等。这里，我们主要针对使用比较广泛并且稳定性和性能都比较出色的 Neo4j 来进行讲解。

Neo4j 的高可用实现方案有两种，一种是主从集群方案，另一种是因果集群方案。由于因果集群方案兼顾了主从集群方案的功能，同时具备因果数据一致性的机制，因此主从集群方案在 Neo4j 的 4.0 版本之后就不再提供。

1. 主从集群方案

主从集群方案在官方文档中称为高可用性方案，由一个主实例和多个从实例组成。集群中的所有实例在其本地数据库文件中均具有完整的数据副本。集群配置至少包含 3 个实例，它的架构方案如图 3-47 所示。

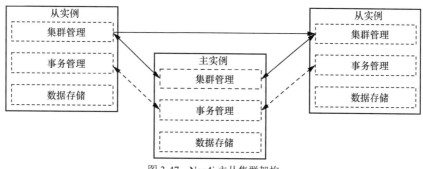

图 3-47 Neo4j 主从集群架构

所有的实例之间都需要集群管理功能，例如集群间的数据复制和选举。还有一个功能是事务管理功能，它只存在于主从节点之间，用于保障主从事务管理上的一致性。集群管理的主要功能如下。

- 故障转移。主从高可用集群模式的最重要功能就是实现故障转移。当 Neo4j 的从数据库实例不可用（例如，由硬件故障或网络中断引起）时，集群中的其他实例将检测到该情况并将其标记为暂时失败。实例在故障恢复后将自动追赶集群。如果主数据库实例出现故障，则在集群达到法定成员数后，将选举另一个成员，并将其角色从从实例切换为主实例。新的主服务器将向集群的所有其他成员广播其可用性。通常，几秒之内就会选举出一个新的主实例并启动。在这段时间内无法进行写操作。

- 法定成员数。集群必须具有法定成员数才能选举新的主服务器。法定成员数的定义为：集群活动成员的 50%以上。例如在设计集群时要求能够容忍 n 个主实例故障，那么集群就需要 $2n+1$ 个实例来满足仲裁并允许进行选举。因此，最简单的有效集群大小是 3 个实例，这允许单个主服务器故障。

- 选举规则。如果主实例发生故障，那么在集群中具有最新已提交事务 ID 的从实例将被选为新的主实例，这样保障了具有最新数据存储的从实例成为新的主实例。如果一个主实例发生故障且剩余的几个实例都有最新已提交事务 ID，则 ha.server_id 值最低的从实例将被选举为新的主实例。

- 事务管理。图 3-47 中的虚线箭头是为了保持主从实例之间提交写操作事务的一致性。它有两种模式，一种是在主实例上写，在从实例上同步，这种模式只要主实例成功即视为成功。但是反过来若在从实例上写，则需要通过事务管理提交到主实例，主实例提交成功后返回到从实例再次提交，两者同时成功才视为成功。在从实例上提交写之前首先需要和主实例更新保持同步和一致。

2. 因果集群方案

Neo4j 因果集群由两个不同的角色核心服务器（core server）和副本服务器（read replica）组成，它们在实际生产部署中都存在，但是部署的数量可以不同。它们在集群中的读写可扩展性以及可用性方面都承担着不同的角色。因果集群架构如图 3-48 所示。

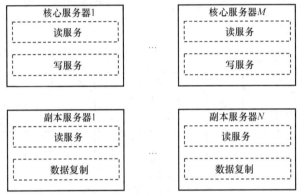

图 3-48　Neo4j 因果集群架构

- 核心服务器。它的主要功能是数据读写，并且所有核心服务器都需要参与事务一致性提交的仲裁判断。它采用的是一种基于分布式的仲裁协议，即 Raft 协议。假如集群环境下可容忍 F 个节点的故障，那么集群的最小规模就是 $N=2F+1$。这种机制保障了数据提交的可靠性及一致性。和前面讲解的主从集群方案一样，这里核心服务器的一个标准最小版本是 3 个节点。当然也可以部署两个节点，只是这种情况下无法实现容错，如果其中一台核心服务器出现故障，那么所有服务器都会变成提供只读服务。

- 副本服务器。副本服务器主要是实现数据读取性能的横向扩展。它定时（毫秒级）从核心服务器获取操作日志信息，并同步到本地。副本服务器只提供读取的功能，它不参与集群的事务一致性仲裁过程。

对于因果一致性，前面也提到因果集群方案与主从集群方案相比的最大特点在于数据读写一致性。简单地说一致性保障了 A 和 B 两个具有依赖关系的操作之间的先后顺序，它和并发的无关联操作是相对的。例如先对一个关系进行写入操作，之后读取出来的数据一定是在之前写入数据操作基础上的。它的实现机制是在前一个操作的事务上打上标签，下一次操作读取时首先需要等待前一个带标签事务完成才进行。

关于图数据库的应用，这里罗列了一些典型场景，以便在实际使用中参考。

- 社交网络：社交关系中的多层好友关系，例如 3 层以上的关系数据库已无法保障其查询性能，而图数据库在数十亿的关系网络中可将查询时间降低到秒级。
- 推荐引擎：通过用户兴趣、历史查阅、好友相关兴趣进行推荐，这在电商以及内容推荐场景下都有强烈的需求。
- 网络运维：大量的服务器及节点依赖关系的运维，有助于了解设备之间的关系，与资产发现和智能分类比较类似。
- 风控服务：例如金融场景下的用户欺诈风险发掘、黑产团伙挖掘等场景。

3.3.5 内容搜索数据库 Elasticsearch

Elasticsearch 是一款基于 Lucene 的内容搜索引擎，它的原型是 Shay Banon 在 2004 年开发的 Compass。在 Compass 发展到第三个版本时，Shay Banon 意识到需要创建一个可扩展分布式实现的搜索引擎方案，因此考虑将 Compass 全部改写，于 2010 年推出了第一个版本并命名为 Elasticsearch。

Elasticsearch 的设计初衷也是基于可扩展及分布式（如高可用、高性能）的考虑，下面就来分析一下它是如何实现的。Elasticsearch 集群架构如图 3-49 所示（集群以 3 个分片为例）。

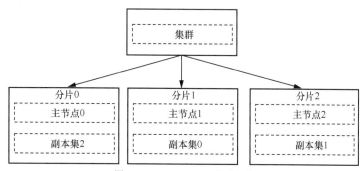

图 3-49　Elasticsearch 集群架构

首先，数据的存储采用分片存储，如果有更多的数据只需要通过分片扩容即可，从这一点上来看已很好地实现了集群的可扩展性。

其次，数据的存储采取的是主节点和副本集的方式交叉部署，这样保障了数据的高可用性，多副本部署模式通过一定的均衡分发策略（如轮询方式）分发到不同的副本上进行查询，可提升数据的查询性能。

从架构层面上来说，Elasticsearch 通过以上方式实现了可扩展、高可用及查询的负载均衡。

分片是分布式系统下实现可扩展的最佳方式，而对于高可用的实现，我们只是大概分析了架构层面上的设计思路，对于具体实现还有很多需要考量的地方，例如集群之间状态的同步、节点的发现以及副本的数据同步等。接下来详细说明一下。

1. 集群状态同步

集群的状态由 Cluster State 负责管理，它包含了集群所有分片的元信息（如路由规则、索引设置及映射等）。当集群中的主节点发生状态改变的时候会广播到其他节点来实现信息同步，它的具体过程如下。

（1）主节点收到集群状态改变的信息，将信息广播到其他节点。

（2）其他节点收到主节点的广播信息后回复确认收到信息，但其在本地先不做改变。

（3）主节点会等待其他节点的确认信息，如果在指定时间范围内（discovery.zen.commit_timeout 的默认值为 30s）没有收到指定个数（discovery.zen.minimum_master_nodes）节点的确认信息，则此状态改变的请求会被拒绝。

（4）主节点如果在指定时间范围内收到指定个数节点的确认信息，则提交状态改变，并发送通知给其他节点。

（5）其他节点收到提交状态改变后在本地进行改变操作，然后回复确认成功信息。

（6）主节点再次在指定时间范围内（discovery.zen.publish_timeout 的默认值为 30s）等待所有节点的回复。

2. 节点的发现

节点的发现主要是指集群内节点加入的注册机制和离开的剔除机制，它的实现如下。

当一个新节点需要加入集群的时候，它通过 discovery.zen.ping.unicast.hosts 配置的节点信息获取集群状态，找到主节点，并向其发送加入请求。主节点接收到请求之后，同步集群状态到新节点。

节点的离开分为主数据节点和副本节点。副本节点如果出现 3 次心跳不通（ping_interval 的默认值为 1s；ping_timeout 的默认值为 30s），主数据节点会认为该副本节点出现故障并从集群中剔除。如果主数据节点发生故障，集群中的其他节点会 ping 集群的当前所有候选节点，这里需要注意，为了防止脑裂的情况出现，候选节点的个数一定要大于或等于最小主节点（discovery.zen.minimum_master_nodes）的个数。所有的候选节点会依据其节点 ID 进行排序，并且选择节点 ID 最大的节点作为新的主节点。它的选举过程也是采用了一种类 Bully 算法，与 MongoDB 类似。

3. 数据同步

当客户端需要发起数据变更索引操作的时候，由集群状态管理模块将请求分发到对应的主分片（primary shard）节点，主分片节点会依据版本号进行比对再更新，如果客户端传入了版本号就采用这个版本号，如果未传入则读取最新的版本号进行更新，如果版本号匹配不成功则会抛出异常，这种操作和比较并交换（compare and swap，CAS）技术类似。主分片节点更新后并行将更新的数据同步到每个副本分片（replica shard）节点重新建立索引。如果所有的副本分片节点都返回成功则主分片节点返回成功。Elasticsearch 数据同步过程如图 3-50 所示。

对于数据的读取，为了保障每个节点数据是最新的以及数据的一致性，Elasticsearch 提供了一种最新数据同步 ID 集合（in-sync allocation IDs）的机制，每个分片数据集都有一个 allocation ID，例如，图 3-50 中对分片 0 来说就有 3 个 allocation ID，分别对应节点 0 的主分片 0、节点 1 的副本分片 0 以及节点 2 的副本分片 0。如果其中的任何一个数据集由于网络等各种故障导致同步失败，那么其都会被剔除这个集合，这个做法和 Kafka 的同步副本集合（ISR）的做法类似。

Elasticsearch 的最大优势在于内容的高效搜索，所以它的应用场景也集中在此，例如对外业务的电商平台、内容平台的商品和数据搜索业务以及对内的日志存储及搜索服务等。

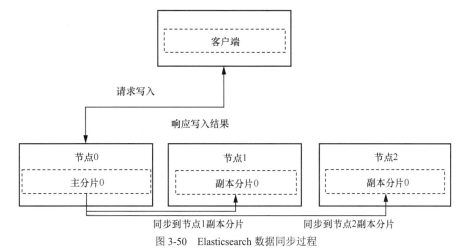

图 3-50　Elasticsearch 数据同步过程

3.4　服务远程调用

服务远程调用组件的功能主要是对已存在的服务提供基于某个指定协议的调用、添加新服务后的发现，以及发生故障后服务的自动下线和流量转移等。服务远程过程调用（remote procedure call，RPC）将远程服务通过网络序列化与反序列化处理转换为本地调用的模式，它是服务化实现的关键组件，也是系统解耦及提升可扩展性的核心环节。

3.4.1　RPC 架构及原理

RPC 的调用和响应示意如图 3-51 所示。

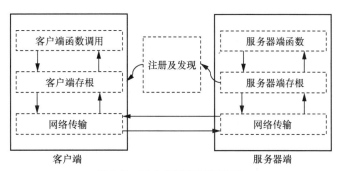

图 3-51　RPC 的调用和响应示意

RPC 从架构上分为 5 个部分。

- 客户端函数调用：面向客户端调用的服务函数，一般都是以 SDK 的方式提供。
- 客户端存根：存放的是服务器端的调用地址信息，这些信息是从注册服务中获取的。将客户端的请求信息（例如函数接口以及参数等）序列化后打包，通过网络发送出去。

- 注册及发现：负责服务器端接口的注册（例如服务定义的 URI、地址和端口）以及客户端的服务发现，例如客户端存根中从注册服务中获取远程服务地址信息。
- 服务器端存根：负责接收来自客户端的请求信息并解压，反序列化后调用服务器端的接口函数。
- 服务器端函数：服务器端的功能实现模块。

关于底层的网络通信协议，RPC 一般会采取如下两种方式。

- 基于 HTTP：例如基于 XML 文本的 SOAP、基于 JSON 的 REST 以及基于二进制的 Hessian，后面要介绍的 gRPC 框架就是这种。
- 基于 TCP：例如通常会借助 MINA、Netty 等高性能网络框架。Dubbo 有基于 TCP 的，也支持 HTTP 传输。

网络只支持二进制的数据传输，所以在客户端调用就需要进行序列化处理，而在服务器端需要反序列化处理，它们的定义如下。

- 将对象转换成二进制流的过程叫作序列化。
- 将二进制流转换成对象的过程叫作反序列化。

总结来看，一套标准的 RPC 应该是具有如下特性的框架。

- 遵循标准的规范协议，例如前面提到的网络层的 TCP 或者 HTTP 信息，以及序列化及反序列化的过程等。
- 网络协议的透明性，对调用方来说，具体使用的网络协议是不用关注的。
- 数据格式的透明性，也就是说服务的调用和本地调用一致，至于具体如何将参数和接口序列化再反序列化调用，调用方也不用关注。
- 跨语言调用特性，由于 RPC 是服务化的基础，实现了系统调用之间的解耦，因此就要求用不同语言实现的服务对调用者而言是透明的。

3.4.2 Dubbo 架构及原理

Dubbo 是由阿里巴巴开源的一款高性能、轻量级的 Java RPC 调用框架，它提供了三大核心能力：面向接口的远程方法调用、智能容错和负载均衡，以及服务自动注册和发现。我们先来看一下其官方网站上给出的标准架构，如图 3-52 所示。

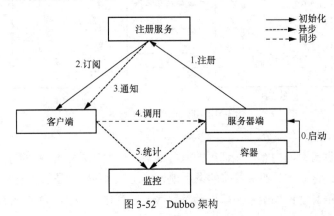

图 3-52 Dubbo 架构

Dubbo 架构涉及的一些概念解释如下。

- 服务提供方：即服务器端功能集合，它需要在启动时将自己发布到注册服务中。
- 服务调用方：启动后向注册服务订阅它想要调用的服务。调用方会根据负载均衡算法选择一个服务提供方进行远程服务调用，如果调用失败则选择另一个服务提供方进行调用。调用方会缓存服务列表，即使注册中心宕机也不妨碍它进行远程服务调用。
- 注册服务：存储着服务提供方注册的远程服务，并将其所管理的服务列表通知给服务调用方，注册服务分别和提供方及调用方之间均保持长连接，可以及时获取服务器端的服务变化情况，并将最新的服务列表推送给调用方。
- 监控：对服务的发布和订阅进行监控，以及统计服务消费者和提供者，在内存中累计调用次数和调用时间，每分钟定时发送一次统计数据到监控中心。
- 容器：服务提供方的加载容器，例如 Jetty 或者 Tomcat 等。

Dubbo 目前支持 4 种注册中心，它们分别是 Multicast、ZooKeeper、Redis 和 Simple，官方推荐使用 ZooKeeper 作为注册中心，这里就以 ZooKeeper 为例简要分析一下它的实现原理。

服务提供方在初始化启动时，会在 ZooKeeper 下的 Dubbo 节点/服务节点/providers 节点下创建一个子节点并写入 URI，路径类似于/dubbo/servicename/providers/uri，该路径下的所有子节点均为服务提供方。此时这些子节点都为临时节点，因为临时节点的生命周期与客户端会话相关，所以一旦提供方所在的机器出现故障导致无法提供服务时，该临时节点就会自动从 ZooKeeper 删除，并将此变更通知调用方。

监控中心是 Dubbo 服务治理体系中的重要部分，它需要知道所有的服务提供者和消费者的变化情况，因此它在启动时会在服务节点上注册一个 watcher 来监听子节点的变化，路径为/dubbo/servicename/，所以它也能感知服务提供者宕机。

服务调用方的节点创建过程和提供方是一样的，也是临时节点。

还有一个特性就是 ZooKeeper 的节点结构设计，它以服务名和类型，也就是/dubbo/servicename/类型作为节点路径，这符合 Dubbo 订阅和通知的需求，保证了以服务为粒度的变更通知，通知范围易于控制。因此，即使服务提供者和消费者频繁变更，对 ZooKeeper 的性能也不会造成很大影响。

RPC 还有很重要的一点在于对协议的支持，Dubbo 所支持的协议如下：

- Dubbo 协议；
- Hessian 协议；
- HTTP；
- RMI 协议；
- Web Service 协议；
- Thrift 协议；
- Memcached 协议；
- Redis 协议。

在通信过程中，不同的服务等级一般对应着不同的服务质量，那么选择合适的协议便是一件非常重要的事情。我们可以根据应用的特点来选择协议。例如，使用 RMI 协议时一般会受到防火

墙的限制,所以对于外部与内部进行通信的场景就不要使用 RMI 协议,而要基于 HTTP 或者 Hessian
协议。

Dubbo 在跨语言及协议穿透性上也做了优化及支持。跨语言支持涉及多个方面,例如服务定
义、RPC 协议及序列化协议的语言中立以及各种语言的 SDK,现在通过社区的完善,Dubbo 的 SDK
已支持 Java、Go、PHP、C#、Python、Node.js、C 等版本的客户端或全量实现版本,并且在协议、
服务定义及序列化上做了如下几点支持。

- 在协议上选择直接支持 gRPC 的 HTTP/2 应用层协议。
- 在服务定义上通过支持 Protocol Buffers 来实现语言中立。
- 在序列化上通过支持 Protocol Buffers 序列化来提供更高效、易用的跨语言序列化方案。

3.4.3　gRPC 架构及原理

gRPC(google remote procedure call)是由 Google 公司开发的一套语言中立的远程调用系统。
gRPC 和其他 RPC 一样,由服务提供方发布服务,调用方通过本地存根调用远程服务。在协议上
采用了 HTTP/2 实现,调用的序列化采用的是开源的成熟的结构数据序列化机制 Protocol Buffers。
gRPC 调用示意如图 3-53 所示。

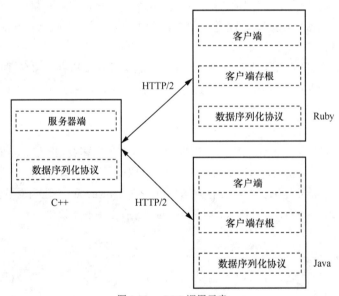

图 3-53　gRPC 调用示意

图 3-53 展示了 gRPC 在多语言实现环境下的一个调用流程(服务器端采用 C++,客户端分别
采用 Ruby 和 Java 来进行调用)。调用流程如下。

(1)客户端调用 A 方法,发起 RPC 调用请求。

(2)对请求信息使用 Protocol Buffers 进行对象序列化压缩。

(3)服务器端接收到请求后,解码请求体,进行业务逻辑处理并返回。

（4）对响应结果使用 Protocol Buffers 进行对象序列化解压缩。

（5）客户端接收到服务器端响应，解码请求体。回调被调用的 A 方法，唤醒正在等待响应（阻塞）的客户端调用并返回响应结果。

由于 gRPC 在协议层采用的是 HTTP/2，因此它具有 HTTP/2 所具有的特有优势，如连接多路复用、双向流、服务器推送（例如页面依赖资源的提前返回，避免多次请求）、请求优先级、首部压缩等机制，可以节省带宽、减少 TCP 连接次数、节省 CPU 资源。

另外，序列化采取的是 Protocol Buffers 的二进制消息传输，在压缩效率和传输效率上都较高，并且这种协议语法简单，使用方便。

虽然有以上性能和使用上的优势，但是 gRPC 只是一个远程调用服务，没有实现服务发现和治理以及负载均衡，所以还需要结合其他组件，例如通过 Nginx 实现负载均衡，基于 ZooKeeper 或者 etcd 实现服务发现和治理。实际生产中也有利用 Dubbo 和 gRPC 的各自优势，采用 Dubbo 实现服务发现和治理配合 gRPC 来进行协议传输的组合模式。

3.5　小结

本章主要介绍了分布式系统下的四大类中间件，包括数据缓存、消息队列、数据存储及 RPC 服务。针对每一类中间件，本章选择其中至少一个典型的实现组件，分别在高可用性、高性能、可扩展性的实现机制和优化措施方面进行了详细介绍。这些内容将作为后续章节的基础，例如跨机房双活方案的选型、数据存储在各场景下的选型及优化等。

第4章

高性能架构

大型网站分层系统架构如图 4-1 所示。

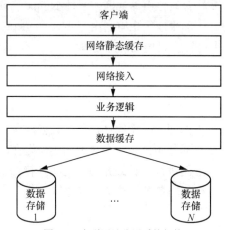

图 4-1　大型网站分层系统架构

从这个架构来看，一个高性能系统的架构需要在客户端请求、网络静态缓存（如 CDN）、网络接入、业务逻辑、数据缓存以及数据存储方面进行优化。本章就主要从这些方面来介绍如何实现一个高性能的架构。不过在进入具体的优化内容之前，我们需要先了解一下系统的高性能指标。

4.1　基础概念

本节主要介绍一下性能指标和利特尔法则，并依据利特尔法则引出常见的性能优化的几个着眼点。

4.1.1　性能指标

通常提到的大型网站性能指标主要指以下 3 个。

- 响应时间：响应时间也称为响应时延（response latency，RT），是指从客户端发送一个请求到客户端接收到服务器端返回的响应结果所经历的时间，响应时间由请求发送时间、网络传输时间和服务器处理时间 3 部分时间组成。
- 并发数：并发数也叫并发度，是指系统同时处理的请求数、事务数或者用户数等，不同场景下的统计方式有些许差别。

- 吞吐量：吞吐量（throughput）也可以理解为吞吐率，即每秒处理的信息值，例如每秒事务数（transactions per second，TPS）、每秒请求数（HTTP requests per second，RPS）、每秒查询数（queries per second，QPS）等。

4.1.2 利特尔法则

利特尔法则（Little's law）由麻省理工学院的 John Little 教授提出并证明，它是基于排队论（queuing theory）发展而来的。利特尔法则的内容是：在一个稳定的系统中，长时间观察到的平均顾客数量 L 等于长时间观察到的有效到达速率 λ 与平均每个顾客在系统中花费的时间 W 的乘积，即 $L=\lambda W$。

将利特尔法则应用到 3 个性能指标中：

$$O = TL$$

其中，O 代表容量，即系统同时容纳的请求或者数量，可以理解为并发数；T 代表吞吐量；L 代表响应时延。

从以上关系法则中我们可以很容易得出系统行为之间的关系。

在第一阶段，即系统流量初始阶段，L 是稳定的，随着 T 的增大，O 也不断增大，它们的增长关系表示为 $O\uparrow = T\uparrow L$。

随着系统流量的增大，T 达到上限，这样就会导致 L 上升，大量的请求被阻塞在队列中，虽然 O 也会增大，但是这时 O 几乎达到其处理上限，以至于系统处理不过来，它们的增长关系表示如下：$O\uparrow = TL\uparrow$。这时系统可做的处理就是限制请求队列的长度，拒绝某些服务请求，或者仍然无限制，允许请求进来将资源耗尽，系统宕机。

4.1.3 系统优化分析

基于利特尔法则，我们来看一下系统优化的几个场景分析。

1. 降低耗时

一次请求的耗时 $L = T_Q + T_E$，其中 T_Q 代表排队等待时间，T_E 代表执行时间，所以降低耗时有两种方式。

一种是降低 T_Q，也就是减少排队等待时间，典型实现就是减小等待队列的长度，如图 4-2 所示。

另一种是降低 T_E，也就是减少执行时间，例如增加线程的处理数量（Tomcat 增大 maxThreads 值），增加更多的处理资源来进行处理以降低耗时。还有一种降低 T_E 的方法就是在资源允许的情况下接收更多的请求，这样吞吐量，也就是我们经常提到的 TPS 或者 QPS 等会得到提升。这种方法类似于给水管加水压，水流从一端到另一端的耗时减少了，单位时间内经过的水流量就多了，如图 4-3 所示。

2. 增加容量

吞吐量增大可以提升容量，增长关系为 $O\uparrow = T\uparrow L$。类似新增一根水管或者加粗水管，但是水流从一端流到另一端的耗时还是一样的，如图 4-4 所示。

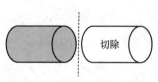

图 4-2　减小等待队列的长度示意　　　　　　图 4-3　减少执行时间示意

在实际业务中增加处理服务器的数量、多入口访问等都是增加容量的举措。

3．增加时延

增加时延可能是一种比较难以理解的方式，一般不是降低时延吗？是的，这里所说的增加时延是指增加等待时延，也就是通过增加等待队列的长度，接收更多的请求到系统，从而达到增大容量的目的。类似于把水管加长，让更多的水先进来，如图 4-5 所示。

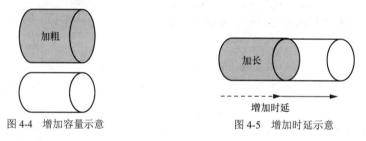

图 4-4　增加容量示意　　　　　　图 4-5　增加时延示意

例如，购票网站的排队模式就是先让需要购票的用户进入系统，提示用户正在处理中，让用户不至于无法登录系统。另外 Tomcat 中增大 acceptCount 也和这个思路类似。

4.1.4　系统指标选择

到底是低耗时、高吞吐量还是容纳更多的请求更重要呢？这需要视不同的目标、不同的业务场景而定，没有一种全能的银弹，这里先简单介绍几种场景的选择方式。

- 响应时间优先：比如一些人机交互系统不需要处理很多请求，但是对响应时间非常敏感，这就可以通过减少排队时延或者优化执行时间来实现。
- 吞吐量、容量优先：比如日志传输系统、抢购系统的并发请求很多，需要更大的吞吐量或者容量，那么可以通过增加等待队列或者优化执行时间、增加吞吐量来实现。

4.2　客户端及网络接入

客户端优化主要是指前端的浏览器页面的加载优化，而网络接入优化主要是指网络接入层的内容分发网络（content delivery network，CDN）、反向代理服务器等常见的策略优化。

4.2.1　浏览器访问优化

在前端开发中有一种"2-5-8 原则"，它用来描述用户在页面浏览时的体验，具体描述如下。

- 用户在 2 秒内得到响应，会感觉页面的响应速度很快。
- 用户在 2～5 秒得到响应，会感觉页面的响应速度还行。
- 用户在 5～8 秒得到响应，会感觉页面的响应速度很慢，但还可以接受。
- 用户在 8 秒后仍然无法得到响应，会感觉页面的响应速度已无法接受，这种情况下用户的操作可能有两种情况，一种是不断地点击重试，另一种是离开。

对于浏览器访问优化，有很多细节点，例如雅虎就推出了著名的雅虎前端优化 35 条规则，涉及内容、图片、样式、脚本、移动端、服务器端和缓存等各个方面。由于篇幅有限，总结归纳为以下三大类。

1. 加载优化

一般通过以下方法进行加载优化。

- 减少 HTTP 请求：对浏览器加载来说 HTTP 请求会占据页面耗时的很大一部分，加上浏览器对于 HTTP 的并发请求数也有限制（例如安卓浏览器支持 4 个，IOS 浏览器支持 6 个），所以减少 HTTP 请求就显得非常必要，例如合并资源文件如 CSS、JS，以及将所有小图片放在一张大图里通过样式来切割展示等。
- 资源缓存：将静态资源缓存在本地，分为强缓存和协商缓存两种。
  - 强缓存：发现有缓存就直接使用，例如 HTTP 头信息里面基于绝对时间间隔判断的 Expires 以及基于相对时间间隔判断的 Cache-control。
  - 协商缓存：先询问服务器此缓存是否可用，如果不可用则重新拉取，例如 Last-Modified/If-Modified-Since，它由服务器生成，只要服务器资源发生变化这个值就会改变。
- 代码压缩：对脚本和 CSS 进行压缩，常使用的压缩工具有 Javascript Compressor、CSS Compressor，或者在 HTTP 中启用内容 Gzip 压缩传输，以减少传输带宽。
- 按需加载：先实现首屏加载，然后浏览到指定页面再进行额外加载，这样可大大提升页面显示速度，减少总体流量。例如懒加载、滚动加载以及 Media Query 加载等。
- 图片压缩：对图片选择合适的工具进行压缩处理，例如 image-compressor、TinyJpg 和 TinyPng 等，并使用 img 的 srcset 按需加载图像。
- 减少 Cookie：Cookie 的内容会伴随每次请求进行提交，这会占用大量的带宽资源，所以一般情况下不涉及和服务器端交互的信息尽量不要放在 Cookie 中。
- 异步加载：例如脚本中基于 defer、async 的异步加载或者执行，前者和后者的区别在于，前者对脚本的资源加载是异步处理的，需要等待页面 DOM 的渲染完成才能执行，而后者是只要脚本加载完成就开始执行。
- 预解析处理：例如通过 x-dns-prefetch-control 控制 DNS 是否预解析，如代码清单 4-1 所示。

代码清单 4-1　DNS 预解析代码

```
1.   <meta http-equiv="x-dns-prefetch-control" content="on">
2.   <link rel="dns-prefetch" href="http://www.ptpress.com.cn/">
```

2. 渲染优化

渲染优化主要是指对一些动画的执行做加速优化，例如通过更优的动画函数、GPU 加速进行处理等。

- 设置 viewport：HTML 的 viewport 标签可以加速页面渲染。
- 减少 DOM 节点：DOM 节点过多会影响页面的渲染效率。
- 动画优化：例如 CSS3 动画中，requestAnimationFrame 采取了屏幕刷新频率来回调动画刷新，用户体验更为流畅，画面更为细腻，所以对于刷新频率较高的流畅动画场景，一般用它来代替 setTimeout、setInterval 等函数。
- 优化高频事件：像 scroll、touchmove 等事件可导致多次渲染，所以一般采用函数节流（throttle）或者采用函数防抖（debounce）来限制某一段时间内只执行一次等。
- GPU 加速：使用 HTML5 标签（如 video、canvas、WebGL）以及 CSS3 的属性（如 opacity、transform、transition）会触发图形处理单元（graphics processing unit，GPU）加速。

3. 执行优化

一般将一些执行耗时的资源放在后面加载，而执行比较快的资源优先放在前面来实现执行优化。具体方法如下。

- 无阻塞处理：例如浏览器加载一个页面的时候首先是加载 CSS 再渲染，但是 JavaScript 是加载完之后就立即执行，这样如果 JavaScript 放在头部加载后直接执行很有可能会造成页面的阻塞。因此正确的顺序是 CSS 放在头部加载，JavaScript 放在尾部加载。
- 避免 src 为空：空的 src 会重新加载当前页面，例如 img、iframe 里的 src。
- 避免图片大小重置：重置图片大小会导致重绘图片，对性能会造成影响。
- 避免使用 dataURL：dataURL 的图片没有使用图片压缩算法，所以内容会变大，并且在客户端需要解码后再渲染，加载会比较慢。

4.2.2　CDN 缓存

CDN 指一组分布在不同区域的数据副本分发服务器，它的作用是解决用户对资源的就近访问的问题，所以 CDN 的一个重要性能指标是服务器的区域分布数量。有了 CDN 服务可以提升用户访问效率，降低服务器资源使用带宽。

在没有使用 CDN 服务的场景，用户对资源的访问如图 4-6 所示。

不同区域的用户访问全部接入源服务器，这样离源服务器较远的区域访问性能就会有较大影响，并且源服务器需要承担所有的流量负载。为了解决这些问题，采用 CDN 接入后用户对资源的访问如图 4-7 所示。

这样每个区域的用户访问资源首先会找到对应区域的 CDN 服务，如果没有 CDN 服务会向其上一级服务获取，依次执行直到源服务器，这称为回源。如果获取到 CDN 服务，则在本地存储一份，称为缓存。因此 CDN 服务的两个核心特点就是回源和缓存。

CDN 服务一般是用来存储静态资源服务，什么是静态资源呢？例如 JavaScript、CSS 以及图片等，还有一些静态化的 HTML 都是静态资源。不过现在的 HTML 大多都和服务器端的逻辑（如登录、注册以及订单列表服务）进行耦合，这些虽然也是 HTML 页面，但是一般称为"非纯静态资源"，不适合做 CDN 缓存。那么除了 JavaScript、CSS 等这些静态资源，还有哪些业务层的页面可以实现为静态资源呢？这里介绍一种页面静态化技术。

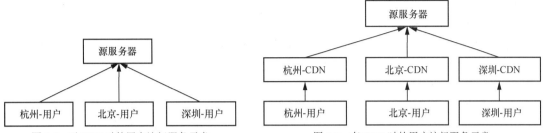

图 4-6　无 CDN 时的用户访问服务示意　　　　图 4-7　有 CDN 时的用户访问服务示意

页面静态化技术是指将后端信息输出比较固定的页面提前生成静态化页面，并由静态页面加速组件进行输出，以提升用户访问性能。例如，在 O2O 本地生活服务中，展示全国各地市本地生活内容的首页只有几百个，可选择提前生成静态页面信息来访问，它的架构实现流程如下。

（1）定时任务获取需要生成的城市首页信息，组装 HTML。

（2）将 HTML 生成一个唯一 ID，并且记录到数据库或者缓存。

（3）在上一级页面需要城市首页信息 URL 的时候从数据库获取静态 HTML 页面的 ID，最终实现对 URL 的拼接。

（4）静态页面通过 CDN/Nginx /Squid/Varnish 输出展示。

一般来说，数据量不大、生成的静态页面数量不多的场景都可采取页面动态化技术进行输出，相反如微博的评论数据就不适合这样做，原因是静态化页面较多，容易产生碎片化数据，降低访问性能。

还有另一个细节值得关注，那就是 Cookie 和 CDN 的关系。一般来说 Cookie 是客户端和服务器端的交互信息，可以把它看作动态页面服务的属性，和静态资源没有关系，如果每次请求 CDN 的静态资源也带上 Cookie，对于请求的性能开销是没有必要的，但是 Cookie 是和域名绑定在一起的。如何解决这个问题呢？方法是将静态资源和动态页面服务域名分开，也称为"动静分离"。

4.2.3　反向代理

反向代理（reverse proxy）是指代理服务器接收外部用户的请求，并将请求分发到后端服务器处理，处理完成之后再将响应结果返回给请求客户端的过程，它与客户端使用代理连接外网的正向代理方式相反，故而得名反向代理。它可以有效保护后端服务器的访问安全，提升访问性能，例如负载均衡分发。反向代理服务的典型架构如图 4-8 所示。

Nginx 是最常见的反向代理服务器之一。接下来我们就 Nginx 在反向代理层的性能优化做一些介绍。

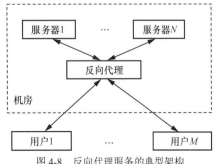

图 4-8　反向代理服务的典型架构

1. 负载均衡

Nginx 作为反向代理层向后端服务器进行请求分发，实现的就是负载均衡的功能。负载均衡需要具备哪些功能呢？答案如下。

- **转发**：将请求按照一定的算法分发到不同的后端服务器，以减轻单台服务器的压力，提高系统的并发处理能力。
- **故障转移**：通过心跳检测机制判断一台服务器是否宕机，如果是则自动将其剔除出负载集群，并将请求转移到其他正常服务器处理。
- **故障恢复**：服务器故障恢复后可以自动探测并添加上线。

目前 Nginx 支持的负载均衡算法有以下 6 种。

- **轮询**：Nginx 的默认配置策略，每个请求按照时间顺序逐一分发到后端的不同服务器。这种策略适合服务器配置资源差不多、无状态且短平快的服务使用。
- **权重**：通过给每台服务器分配权重，实现不同服务器有不同的分配概率。权重越高，处理的请求越多，此策略适合后端服务器硬件资源差别较大的场景。
- **IP 哈希**：以客户端请求的 IP 哈希运算后进行分配，这种模式保障了相同的客户端请求在同一台后端服务器处理，保障客户端请求的会话粘连处理。这种模式适合有状态处理的业务场景，例如会话信息是本机存储的接口服务。
- **最少连接**：将请求分发到后端连接较少的服务器处理，由于轮询的方式是只考虑请求次数，没有考虑每个请求处理的时间，因此如果处理时间较长，连接就会一直保留，依据连接数分发在这种场景下可以达到更好的负载均衡效果。
- **Fair 策略**：这是由 nginx-upstream-fair 插件提供的功能，按照服务器的响应时间来进行分配，响应时间短的优先分配。
- **URL 哈希**：这是由 nginx_upstream_hash 插件提供的功能，通过 URL 哈希运算后进行分配，可以运用在资源下载或者读取服务中，这样可以保障同样的 URL 请求分发到同一台服务器，避免多台服务器多次读取资源。

Nginx 的权重分发策略示例如代码清单 4-2 所示。

代码清单 4-2　Nginx 权重分发策略示例

```
1.   upstream server-cluster {
2.       #weight 为权重（值越大，访问率越高），默认 weight=1，在 fail_timeout 时间内检查后端服务器
         #max_fails 次，失败则被剔除
3.       server ip1:8080 weight=3 fail_timeout=30s max_fails=2;
4.       server ip2:8081 ;
5.       }
6.
7.   server {
8.       listen        80;
9.       server_name   test.com;
10.      location / {
11.          proxy_pass   http://server-cluster;
12.      }
13.      }
```

2. 缓存

反向代理的缓存和 CDN 一样，也是缓存静态资源信息，以避免请求直接分发到后端服务器，降低后端服务器的处理负载。

Nginx 实现缓存是通过代理缓存 proxy-cache 来完成的，这也是 ngx_http_proxy_module 模块提供的功能，其常用的选项有下面 3 个。

- proxy_cache_path：定义一个完整的缓存空间，指定缓存数据的磁盘路径、索引存放的内存空间以及其他一些参数，如缓存策略。该选项只能定义在 HTTP 块上下文中。
- proxy_cache：用来引用 proxy_cache_path 所定义的缓存空间，实时开启缓存功能。
- proxy_cache_valid：设置不同响应代码的缓存时间。

Nginx 静态资源缓存示例如代码清单 4-3 所示。

代码清单 4-3　Nginx 静态资源缓存示例

```
1.   #定义一个完整的缓存空间；缓存数据存储在/data/cache 目录中，配置在该目录的下一级目录中，1 代表
     #用 1 位 16 进制表示，可以表示 16 个不同目录，名称为 static-resources，内存大小为 50MB，最大缓
     #存数据的磁盘空间大小是 1GB；缓存时间为 30 分钟
2.   proxy_cache_path /data/cache levels=1 keys_zone=static-resources:50m max_size=1G
     inactive=30m;
3.       server {
4.           listen          80;
5.           server_name    static-web;
6.           proxy_set_header Host $host;
7.           proxy_set_header X-REMOTE-IP $remote_addr;
8.           proxy_set_header X-Forwarded-For $proxy_add_x_forwarded_for;
9.           #给请求响应增加一个头部信息，表示从服务器上返回的 cache 状态
10.          add_header static-Cache "$upstream_cache_status from $server_addr";
11.
12.          location ~* .js|.css|.jpg|.png|.gif|.jpeg$ {
13.          #缓存 JavaScript、CSS 以及图片，引用上面定义的缓存空间，同一缓存空间可以在几个地方使用
14.          proxy_cache static-resources;
15.          #对响应码 200、302、301 设置 5 分钟的缓存时间
16.          proxy_cache_valid 200 302 301 5m;
17.          #引用上面定义的 upstream 负载均衡组
18.          proxy_pass http://server-cluster;
19.          }
20.      }
```

4.3　数据存储

数据存储层的核心问题是面对大量数据存储的需求，如何提升其存取性能，涉及数据库读写分离、数据库分库/分表等，本节会介绍这些做法的详细实现。

4.3.1　数据库读写分离

最原始的数据库使用方式是读写全部在一个库，我们来看一个典型的读写共用的架构，如图 4-9 所示。

数据访问层的所有读写都经过主数据库，当主数据库出现故障后数据访问层将读写转移到备数据库，称为故障转移，但是读写仍然共用。读写分离的架构就是在这个基础上将读和写进行拆分，如图 4-10 所示。

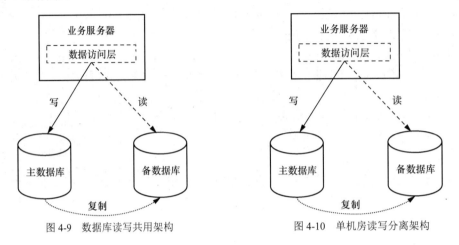

图 4-9　数据库读写共用架构　　　　　　　图 4-10　单机房读写分离架构

数据从主数据库直接写入，再通过主数据库同步到备数据库，数据访问层再通过备数据库读取。

图 4-10 是单机房下的读写分离典型架构，多机房环境下读写分离架构和图 4-10 所示架构差不多，但是存在一些区别，多机房下主数据库通常只存在于一个机房，如图 4-11 所示。

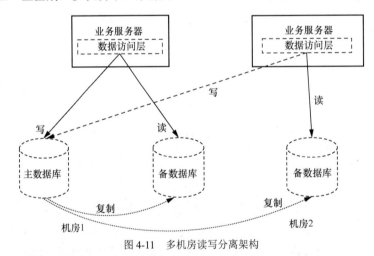

图 4-11　多机房读写分离架构

多机房场景下仍然只有一个主数据库，例如图 4-11 中的机房 1 主数据库，只是在另一个机房多了一个备数据库，例如机房 2 的备数据库，并且机房 2 的写入操作也是直接跨机房连接到主数据库完成的。

从以上 3 种类型的架构来看，可以分析出使用读写分离的如下两个原因。

（1）单机房下，为了提升数据库读写性能，将读写进行分离，具体来说解决的是如下两个方面的问题。

- 写操作本身耗费资源：数据库写操作为 I/O 写入，写入过程中通常会涉及唯一性校验、索引建立、索引排序等操作，对资源消耗比较大。一次写操作的响应时间往往是读操作的几倍甚至几十倍。
- 锁争用：写操作很多时候需要加锁，包括表级锁、行级锁等，这类锁都是排他锁，一个会话占据排他锁之后，其他会话是不能读取数据的，这会极大影响数据读取性能。

（2）多机房下，如果写少读多，那么为了减少多机房直接读取带来的时延，选择本地读取来提升读取性能，但是数据的写入仍然是单机房写入。

要实现读写分离，首先需要知道从业务层到数据库中间会经过哪几层，一个标准的数据分层访问架构如图 4-12 所示。

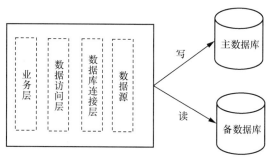

图 4-12　业务层到数据库的访问层级

图 4-12 是从开发者的视角来看的，从业务层一直到数据库会经历数据访问层、数据库连接层、数据源，最后连接到数据库进行读写，这里就从这 3 层来分别介绍它的方案实现。

1. 数据访问层

在这一层做读写分离，很容易想到的方案就是初始化两个对象关系映射（object relational mapping，ORM）操作，一个实现读取功能，另一个实现写入功能，然后依据业务对数据库操作属性调用相应的 ORM。举一个简单的例子，一个 Sample 数据表里包含 app_id、name、status、create_time 几个字段，涉及的主要操作有新增、获取、更新及获取，看看它是怎么实现读写分离的，如代码清单 4-4 所示。

代码清单 4-4　数据访问层读写分离实现示例

```
1.    @Repository
2.    public class DaoImpl implements DaoInterFace {
3.        //读数据库连接
4.        @Autowired
5.        private Jdbc readJdbc;
6.
7.        //写数据库连接
8.        @Autowired
9.        private Jdbc writeJdbc;
10.
11.       @Override
```

```
12.     public boolean add(String appId, String name) {
13.         StringBuilder sql = new StringBuilder();
14.         sql.append(" insert into sample(app_id, name, status, create_time");
15.         sql.append(" values (?,?,?,?) ");
16.
17.         StatementParameter param = new StatementParameter();
18.         param.setString(appId);
19.         param.setString(name);
20.         param.setBool(true);
21.         param.setDate(new Date());
22.
23.         return writeJdbc.insertForBoolean(sql.toString(), param);
24.     }
25.
26.     @Override
27.     public Sample get(long appId) {
28.         StringBuilder sql = new StringBuilder();
29.         sql.append(" select * from sample where app_id = ? ");
30.
31.         StatementParameter param = new StatementParameter();
32.         param.setLong(appId);
33.
34.         return readJdbc.query(sql.toString(), Sample.class, param);
35.     }
36.
37.     @Override
38.     public Sample updateAndGet(String appId, boolean status) {
39.         StringBuilder writeSql = new StringBuilder();
40.         sql.append(" update sample set status = ? where id = ? and app_id = ?");
41.
42.         StatementParameter readParam = new StatementParameter();
43.         readParam.setBool(status);
44.         readParam.setString(appId);
45.
46.         writeJdbc.updateForBoolean(writeSql.toString(), readParam);
47.
48.         StringBuilder readSql = new StringBuilder();
49.         sql.append(" select * from sample where app_id = ? ");
50.
51.         StatementParameter readParam = new StatementParameter();
52.         readParam.setLong(appId);
            //读写窗口一致性, 仍然需要采取写 JDBC 的方式来进行读取, 以防读数据库还没有同步到主数据
            //库的数据
53.         return writeJdbc.query(readSql.toString(), Sample.class, readParam);
54.
55.     }
56.  }
```

这个示例新建了两个 Java 数据库连接（JDBC），并且由业务实现人员来明确指定使用哪个 JDBC 操作数据库。当遇到更新后获取的场景就会出现一个问题，即获取的 JDBC 使用读还是写的问题，如果采取读 JDBC，那么写入主数据库的数据可能由于各种原因暂时还没有同步到从数据库，这时获取就会出现数据不一致，所以基于这个考量应该采取写 JDBC 来进行读取，这称为读写窗口一致性。

这个方案的优点是易于实现。

这个方案的缺点有以下几点：

- 侵入业务，每个数据操作都需要额外考虑读写分离；
- 要求操作者自行实现读写窗口一致性，如果考虑不周就会导致数据读取失败。

2. 数据库连接层

数据库访问层的做法对业务侵入很大，读写分离需要业务方自行实现，对业务实现人员有一定的要求，如果处理不当还有可能出现错误读取，例如读写窗口一致性问题。因此我们考虑既然读写分离是一种共同的技术诉求，是否可以再抽象到上面一层做封装，将这些内部实现全部封装起来，让调用方只需关注一个数据库连接，数据库连接内部具体什么时候读写分离，内部自行实现。这就是数据库连接层实现读写分离的功能，它的架构如图 4-13 所示。

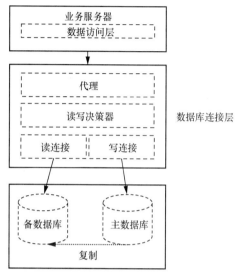

图 4-13　数据库连接层读写分离

从图 4-13 可以看出，需要将数据库连接层例如 JDBC 的接口进行重写，重写后变为一个代理，它通过读写决策器选择此时是使用读连接还是写连接，JDBC 读/写连接都是对 JDBC 接口的实现。以下是这种方案的几个重要实现类和方法，如代码清单 4-5 所示。

代码清单 4-5　JDBC 读写分离实现示例——代理实现

```
1.    public class JdbcProxyImpl implements Jdbc {
2.        //读/写 JDBC 实现
3.        private JdbcReaderImpl jdbcReaderImpl;
4.        private JdbcWriterImpl jdbcWriterImpl;
5.
6.        public void setJdbcReaderImpl(JdbcReaderImpl jdbcReaderImpl) {
7.            this.jdbcReaderImpl = jdbcReaderImpl;
8.        }
9.
10.       public void setJdbcWriterImpl(JdbcWriterImpl jdbcWriterImpl) {
11.           this.jdbcWriterImpl = jdbcWriterImpl;
12.       }
13.
14.       //更新的时候首先需要标记为写入，再调用写 JDBC 来实现更新
15.       @Override
16.       public int update(String sql) {
17.           ReadWriteDataSourceDecision.markWrite();
18.           return jdbcWriterImpl.update(sql);
19.       }
20.
21.       //查询的时候首先要判断在当前线程下是否有写入操作，如果有就直接使用写 JDBC 来读取，否则才使
          //用读 JDBC
22.       @Override
23.       public <T> T query(String sql, Class<T> elementType) {
24.           if(ReadWriteDataSourceDecision.isChoiceWrite()){
```

```
25.              return jdbcWriterImpl.query(sql, elementType);
26.          }
27.          return jdbcReaderImpl.query(sql, elementType);
28.      }
29.
30.      //事务提交属于写入操作属性
31.      @Override
32.      public boolean commit() {
33.          return jdbcWriterImpl.commit();
34.      }
35.  }
```

查询操作时会从 ReadWriteDataSourceDecision（读写决策器）中进行判断，那么读写决策器如何保存当前线程下的读写操作呢？如代码清单 4-6 所示。

代码清单 4-6　JDBC 读写分离实现示例——读写决策器实现

```
1.   public class ReadWriteDataSourceDecision {
2.       public enum DataSourceType {
3.           write, read;
4.       }
5.
6.       //所有读写操作的标记会被记录在 ThreadLocal 这里，线程是安全的
7.       private static final ThreadLocal<DataSourceType> holder = new ThreadLocal
         <DataSourceType>();
8.
9.       public static void markWrite() {
10.          holder.set(DataSourceType.write);
11.      }
12.
13.      public static void markRead() {
14.          holder.set(DataSourceType.read);
15.      }
16.
17.      public static void reset() {
18.          holder.set(null);
19.      }
20.
21.      public static boolean isChoiceNone() {
22.          return null == holder.get();
23.      }
24.
25.      public static boolean isChoiceWrite() {
26.          return DataSourceType.write == holder.get();
27.      }
28.
29.      public static boolean isChoiceRead() {
30.          return DataSourceType.read == holder.get();
31.      }
32.  }
```

从代码清单 4-6 可以看出，这里有一个比较巧妙的设计，那就是采用了 ThreadLocal 来存储当前线程下的读写属性，它可以识别出当前线程操作是否有写入操作，如果有就使用写连接进行读取，以保障读写窗口一致性。

这个方案的优点如下：

- 可实现读写窗口一致性切换；
- 独立组件，侵入性较低。

这个方案的缺点如下：

- 读写分离的时候仍然需要额外配置两个读写数据源；
- 对于主备复制时延较大的场景，仍然无法保障数据读取的一致性。

3. 数据源

数据源这层实现的功能就是从组件角度完全隔离业务，并且将主备复制时延检测问题一并解决。我们先来看一下这个方案的整体架构，如图 4-14 所示。

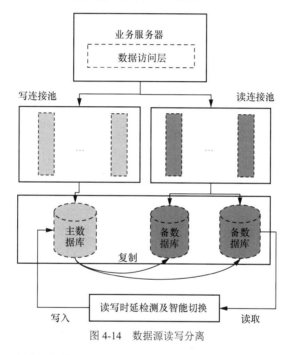

图 4-14　数据源读写分离

由图 4-14 的架构可以看出在数据源层做读写分离包括连接池和数据库两个层面，通过一个独立的读写时延检测器进行检测并做智能切换可解决数据读写窗口一致性的问题。具体的功能模块描述如下。

- 读写分离：通过重写数据源的连接（connection）和语句对象（statement）操作类，当数据访问层请求执行 SQL 时会首先获取 connection，通过解析 SQL 判断是查询还是更新来选择连接池的读写类型，同时需要结合主从复制检测的结果进行综合判断，例如复制有时延，就全部获取写连接池，否则就只是读取操作的时候获取读连接池。而读写的连接都是从对应的数据源中获取的。
- 读写窗口一致性：重写数据源的连接（connection）操作，在获取读连接时，判断历史访问连接状态是读还是写（一次线程操作下），如果已经存在写连接请求就强制采用写连接进行读取，以保障读写窗口一致。

- **主备复制时延智能切换**：通过启动单线程检测主数据库与备数据库的数据是否存在时延，这种做法可以先写入一个值到主数据库，例如容忍 50ms 的时延，50ms 之后到备数据库读取，如果读取到了值则代表无时延，否则就标记为主备复制有时延，如果存在时延则强制系统本次操作从主数据库查询。

在实现以上几个功能之前，我们先把这个方案的核心流程梳理一下，以便大家对此有一个整体的概念，在数据源层做读写分离的流程如图 4-15 所示。

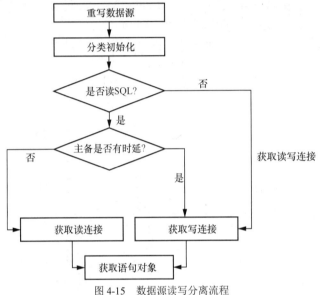

图 4-15　数据源读写分离流程

数据源读写分离的核心流程说明如下。

- 重写标准的 javax.sql.DataSource，这样可以兼容其他标准实现的数据源，例如 C3P0 只需要扩展此接口实现参数设置方法。
- 对传入的 SQL 进行解析，判断是否是读 SQL 类型以及对主备复制有时延的旁路检测结果进行引用，如果是读 SQL 类型并且主备复制时延正常，就会选择读连接。
- 通过数据库连接来获取对应的语句对象，并执行相应的 SQL 语句。

读写分离首先需要从传入的读写 JDBC 的 URL 中初始化数据源，分别将读写数据源存放到 Map 中，如代码清单 4-7 所示。

代码清单 4-7　数据源层读写分离实现示例——DataSource 初始化

```
1.    private void initDataSource(String[] urls, MeoDsType type) throws SQLException,
      Exception {
2.        String dataSourceClass = getDataSourceClass();
3.        Class<?> clazz = Class.forName(dataSourceClass);
4.        BeanInfo beanInfo = Introspector.getBeanInfo(clazz);
5.        PropertyDescriptor[] pds = beanInfo.getPropertyDescriptors();
```

```
6.    // 只需要配置不同的 JDBC 的 url 即可实现读写分离，自实现 DataSource 初始化，对业务层透明
7.        for (int i = 0; i < urls.length; i++) {
8.            String url = urls[i];
9.            if(rwDsContaner!=null && rwDsContaner.containsKey(type)){
10.              return;
11.           }else{
12.               DataSource myds = (DataSource) clazz.newInstance();
13.               for (PropertyDescriptor pd : pds) {
14.                   if (getJdbcUrlPropertyName().equals(pd.getName())) {
15.                       pd.getWriteMethod().invoke(myds, url);
16.                        continue;
17.                   }else if("description".equals(pd.getName())){
18.                       pd.getWriteMethod().invoke(myds, type.getKey());
19.                   }
20.                   Object param = properties.get(pd.getName());
21.                   if (param == null) {
22.                       continue;
23.                   }
24.                   pd.getWriteMethod().invoke(myds, param);
25.               }
26.    // 初始化完 DataSource，按照类型存放到 Map 容器中
27.                rwDsContaner.put(type, myds);
28.           }
29.       }
30.       return;
31.   }
```

接下来是依据数据源获取连接，如代码清单 4-8 所示。

代码清单 4-8　数据源层读写分离实现示例——Connection 获取

```
1.    // 从 Map 容器中获取 DataSource
2.    public DataSource getReadDataSource() throws SQLException {
3.        DataSource ds = rwDsContaner.get(MeoDsType.READ);
4.        prepareDataSource(ds);
5.        return ds;
6.    }
7.
8.     public DataSource getWriteDataSource() throws SQLException {
9.        DataSource ds =  rwDsContaner.get(MeoDsType.WRITE);
10.       prepareDataSource(ds);
11.       return ds;
12.   }
13.    // 首先调用获取 DataSource 的函数，然后通过 DataSource 获取 Connection
14.     public Connection getReadConnection(String username, String password)
       throws SQLException {
15.       DataSource ds = this.getReadDataSource();
16.        if (username == null) {
17.          return ds.getConnection();
18.       } else {
19.          return ds.getConnection(username, password);
20.       }
21.    }
22.
23.     public Connection getWriteConnection(String username, String password)
       throws SQLException {
```

```
24.          DataSource ds = this.getWriteDataSource();
25.            if (username == null) {
26.                return ds.getConnection();
27.            } else {
28.                return ds.getConnection(username, password);
29.            }
30.        }
```

通过一个公共类来实现对 SQL 的解析，进而判断本次请求是读还是写，如代码清单 4-9 所示。

代码清单 4-9　数据源层读写分离实现示例——读写 SQL 解析

```
1.      private static final char[] select = {'s','e','l','e','c','t'};
2.      private static final char[] SELECT = {'S','E','L','E','C','T'};
3.      public final static boolean isReadRequest(String sql, int pos) {
4.          // 初步判断为读请求
5.          for(int i=pos; i<sql.length(); i++){
6.              char c = sql.charAt(i);
7.              if(Character.isWhitespace(c)){
8.                  continue;
9.              }
10.             int j=0;
11.             for(;j<6 && i<sql.length(); j++,i++){
12.                 c = sql.charAt(i);
13.                 if(c==select[j] || c==SELECT[j]){
14.                     continue;
15.                 }else{
16.                     return false;
17.                 }
18.             }
19.             if(j == 6){
20.                 return true;
21.             }else{
22.                 return false;
23.             }
24.         }
25.         return false;
26.     }
```

有了以上的读写 SQL 判断以及读写连接标记获取之后，就可以通过连接来获取语句对象 Statement，如代码清单 4-10 所示。

代码清单 4-10　数据源层读写分离实现示例——读写 Statement 获取

```
1.      // 依据条件获取读写 Statement
2.      public PreparedStatement prepareStatement(String sql, int autoGeneratedKeys)
3.              throws SQLException {
4.              // 如果是读 SQL 请求并且主备复制没有检测到时延，就采取读 Connection 来获取
                //Statement，否则直接采取写 Connection
5.          if (SqlUtil.isReadRequest(sql) && !datasource.getMdsm().isDelay()) {
6.              return getReadConnection().prepareStatement(sql,
                    autoGeneratedKeys);
7.          } else {
8.              return getWriteConnection().prepareStatement(sql, autoGeneratedKeys);
9.          }
```

```
10.        }
11.    Connection getReadConnection() throws SQLException {
12.        if (writeConn != null) {
13.        // 如果是读数据并且已有写连接，那么不管如何返回这个写连接
14.            return writeConn;
15.        }
16.
17.        if (readConn != null) {
18.            return readConn;
19.        } else {
20.            readConn = datasource.getReadConnection(username, password);
21.        }
22.        return readConn;
23.    }
24.
25.    Connection getWriteConnection() throws SQLException {
26.        if (writeConn != null) {
27.            return writeConn;
28.        } else {
29.            writeConn = datasource.getWriteConnection(username, password);
30.        }
31.        return writeConn;
32.    }
```

最后还有一个关键问题，就是如何实现主备数据库复制时延检测并自动切换，如代码清单 4-11 所示。

代码清单 4-11　数据源层读写分离实现示例——主备复制时延定时检测

```
1.   /**
2.    * 数据源读写主备之间复制时延管理
3.    * 负责定时检测主备之间更新的数据是否保持一致
4.    * 如果一致则认为数据复制无时延，否则有时延
5.    */
6.   public class MeoRwDsDelayManager implements DsDelayManager {
7.       /**检测的逻辑是先向主数据库写入一个数据，休眠指定时间（阈值由业务容忍度决定）后再去备数据
          *库查询是否和写入的一致
8.        *如果一致则认为主备一致
9.        */
10.      @Override
11.      public synchronized void checkDsDelay() throws SQLException {
12.          String uuid = UUID.randomUUID().toString();
13.          this.excute(String.format(updateSql, schema,uuid));
14.          try {
15.              Thread.sleep(acceptDsDelayInMills);
16.          } catch (InterruptedException e) {
17.              e.printStackTrace();
18.          }
19.          String qUuid = this.query(String.format(querySql,schema));
20.          if(!uuid.equals(qUuid)){
21.              this.isDelay = true;
22.          }else{
23.              this.isDelay = false;
24.          }
25.      }
```

```
26.
27.      @Override
28.      public boolean isDelay() {
29.          return this.isDelay;
30.      }
31.  }
```

实现逻辑就是首先通过更新主数据库的一个数据休眠指定时间，该时间是业务可容忍的主备数据库同步时延的最大值，再自备数据库读取指定数据，如果读取的数据和写入的一致，则认为主备数据复制时延在正常范围内，否则标记主备数据复制有时延。除了这种检测方式，还有其他一些方式，例如 MySQL 自带的 show slave status 命令也可检测一致性，主要关注以下几个值。

- Slave_IO_Running：I/O 线程是否启动并成功地连接到主服务器上。
- Slave_SQL_Running：SQL 线程是否启动。
- Seconds_Behind_Master：与主数据库相比同步时延的秒数。

不过监控只是对主备数据复制时延的一个手段，数据库主备同步过程中很多情况下都会出现时延，要降低时延就需要逐个分析其中的原因，例如 SQL 执行慢、网络不稳定、单表数据量过大、单库数据表过多等。其实单表数据量过大或者单库数据表过多不仅会增大同步时延，也会影响数据查询的效率。接下来我们介绍数据库读写性能优化的另一个核心措施，即数据库分库/分表。

4.3.2　数据库分库/分表

如前文所述，数据库读写分离可以缓解数据库的读写压力，但是它无法缓解数据库的存储压力。业务早期都是采取单库单表进行数据存储，随着业务变多，数据体量也在不断增长，单个数据库的存储及读写就成了系统的瓶颈，主要体现在以下两个方面。

- 读写性能降低：数据体量变大，数据库虽然有索引，但是索引的数据量也在变大，读写性能随之降低。另外数据存储并发加大，单台服务器处理的能力有限，会进一步限制读写性能。
- 同步时延增大：数据体量变大，主数据库和备数据库之间需要同步的数据变多，同步所需的时延变大。

因此，随着业务数据量的增大，单机处理的性能会达到上限，这时就需要考虑对数据进行切分，均摊单机处理压力，实现性能的扩展和提升。

一般来说依据数据规模及业务形态，数据库/表有水平切分和垂直切分两种形式，下面将切分的模式以及切分的核心问题逐个进行讲解。

1. 水平切分

数据规模变大时，首先想到的就是将一个表的数据切分为多个表存储。一般来说水平切分是按照某个唯一字段进行切分，然后将数据映射到不同的表中，例如用户表中的用户 ID 字段（userId），如图 4-16 所示，用户表按照 userId 水平切分到两个表中。

按照图 4-16 的切分策略采取用户 ID 与分表的总数取模的方式，例如用户 ID 为 0/2/4 等偶数的用户就会被写入表 T_user_0 中，而用户 ID 为 1/3/5 等奇数的用户会被写入表 T_user_1 中。数据库表经过水平切分之后有如下特点。

- 每个表的数据字段是一致的。
- 每个表的数据间隔存储，互相没有交集。
- 全部的数据是所有表的数据合集。

当数据读写的并发没有明显提升，但是数据规模已经达到一定的体量之后（例如千万级），这种表的水平切分可以降低单表的数据规模，提升单次 SQL 执行的效率，降低 CPU 的负载。

接下来随着业务的进一步发展，如果数据的读写并发请求也提升了（例如达到数千甚至上万每秒），则需要考虑对数据库进行切分，如图 4-17 所示。

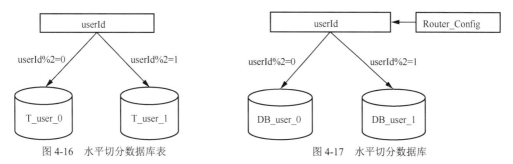

图 4-16　水平切分数据库表　　　　图 4-17　水平切分数据库

这种方式仍然是以某一个字段（例如用户 ID）按照一定的策略（例如哈希或者用户 ID 范围，这些策略配置在路由配置表中，就是图 4-17 中的 Router_Config 模块的功能）将一个库中的数据切分到多个库中。它和水平分表的数据特点一致，唯一的区别在于，通过数据库的水平扩展提升数据读写的性能可以应对更高并发的业务场景。

水平切分的优点如下。

- 性能可水平扩展。不存在单库数据量过大、高并发的性能瓶颈，只需要水平扩容表或者服务器即可提升读写和存储性能。
- 业务改造少。由于数据结构和切分前一致，因此业务上无须拆分业务模块。

水平切分的缺点如下。

- 跨库及表的事务难以保障。
- 跨库及连表查询性能较低。
- 数据字段扩展和维护的工作量较大。

2. 垂直切分

垂直切分一般和业务使用场景有很大的关系，例如账号表包括各种字段，但是最常用的字段是用户 ID、用户昵称、用户手机号码、邮箱地址等热点数据，而用户头像、通信地址等信息使用较少，称为冷数据，这时为了提升热点数据的访问性能，就需要引入垂直切分。

一个典型的垂直切分数据库表的架构如图 4-18 所示。

垂直切分之后数据库会做冷热数据分离，例如图 4-18 中所示的热点数据存储在 T_user_hot 表中，而冷数据存储在 T_user_cold 表中，这种方式也可以称为主表和扩展表模式，主表存储的是核心热点数据，而扩展表存储的是相关的冷数据。数据库表经过垂直切分之后有如下特点。

- 每个表的数据字段是不同的。
- 每个表的数据是不同的，但是有一个关联主键进行识别，例如图 4-18 中的用户 ID 字段（userId）。
- 全部的数据是所有表的数据合集。

冷热数据分表之后，对于业务端获取全量数据的方式需要注意一下，即不要采取连表查询的方式，因为这样不仅使得 CPU 性能消耗增大，也将切分的两个表耦合在了一起，导致两个表只能在一个库中，这对于后续的扩展极其不利。比较好的一种方式是在业务层综合处理，例如先从主表查询热点数据，再从扩展表查询其他数据，业务层再将两部分数据合并起来。

垂直切分从分表到分库的原因和水平切分一致，都是数据请求的并发提升导致单机处理遇到瓶颈，典型的垂直分库的架构如图 4-19 所示。

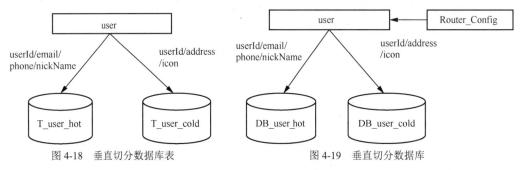

图 4-18　垂直切分数据库表　　　　图 4-19　垂直切分数据库

图 4-19 展示的还是基于用户信息表的分库示意，也就是将一个业务的数据库进行垂直切分，另一种垂直分库的做法是依据业务属性的不同进行切分，例如早期与账号相关的数据（如积分信息）都存储在用户表里面，后续随着业务发展，例如积分数据量变大，业务请求量也不断增大，考虑将积分从用户表拆分到不同库，这样用户表主要关注的是用户的底层服务，例如登录、注册及认证服务，而用户的积分就发展为用户增长服务，这样的划分从架构层面来看是业务服务化的原型，不同的业务提供独立服务。

垂直切分的优点如下。

- 业务解耦——解决业务系统层面的耦合，业务清晰。
- 服务化——与微服务的治理类似，也能对不同业务的数据进行分级管理、维护、监控、扩展等。
- 性能提升——高并发场景下，垂直切分一定程度上能够提升系统 I/O，降低数据库连接数。

垂直切分的缺点如下。

- 分布式事务处理复杂。
- 由于是按照业务属性分表，因此仍然存在单表数据量过大的问题。

3. 切分算法

切分算法在前面的介绍里面主要展示的是基于用户 ID 取模，这种方式有一个巨大的弊端，那就是对于扩容场景下的数据迁移极其不方便，这里还是以水平切分的用户表为例来说明。

假如用户表水平切分为 2 个，用户 ID 对 2 做取模运算，每个表存储的用户 ID 如下：

```
T_user_0:0/2/4/6...
T_user_1:1/3/5/7...
```

如果扩容切分为 3 个，则此时每个表存储的用户 ID 如下：

```
T_user_0:0/3/6/9...
T_user_1:1/4/7/10...
T_user_2:2/5/8/11...
```

对比一下扩容前后的数据分布发现需要迁移的数据量会非常大，那么有没有一种更好的切分方式呢？这里介绍以下两种方式。

- 范围映射法：用户 ID 由前缀+数字组成，这个前缀可以是 a、b、c、d 等，后面的数字可以沿用之前的获取方式，这样组合的用户 ID 就依据前缀映射到不同的表或者库，只要前缀不变，业务数据就无须迁移，后续新增的前缀分发到新的数据库，这种方式解决了数据迁移问题，但是数据会有明显的倾斜问题。

- 一致性哈希映射：用户 ID 还是按照标准数字生成，例如基于 Redis 的分布式 ID 递增获取，切分的库或者表依据表名或者服务器的 IP 地址进行哈希运算，并映射到一致性哈希环上，这样新增的库或者表只会在哈希环上新增，数据的迁移只涉及新增哈希环区间映射的数据，它的示意如图 4-20 所示。

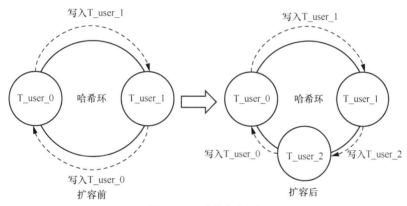

图 4-20　一致性哈希分表

新增的需要迁移的数据只涉及 T_user_1 到 T_user_2 表之间的用户，它们迁移之前是映射到 T_user_0 的，但是读者会发现这样的切分和范围映射没有区别，仍然会出现数据倾斜的问题，例如 T_user_0 和 T_user_2 所分到的数据就会比 T_user_1 的少。这个问题可采取引入虚拟节点实现均衡一致性哈希来解决。均衡一致性哈希分表如图 4-21 所示。

扩容的表仍然按照图 4-20 的一致性哈希分布，但是在 T_user_0 到 T_user_1 之间添加了 3 个虚拟节点，其中 V_user_0 接收映射的数据写入 T_user_0 中，其他两个以 V 开头的虚拟节点也是类似的，这样就基本保障了数据的均

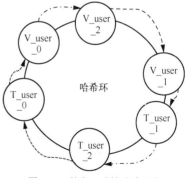

图 4-21　均衡一致性哈希分表

衡分布,不过在数据迁移上会比图 4-20 的方案复杂一些,但是这种策略可以通过虚拟节点的分布来动态调整迁移的数据比例,最大化保持原有数据的分布,例如图 4-21 就尽量将之前倾斜映射到 T_user_1 的数据更多地分布到 V_user_1 中,在均衡数据分布的基础上保障最小规模的数据迁移。对比来看,基于个数取模的切分方式,2 个表扩展为 3 个表后数据迁移率高达 60%,而均衡一致性哈希的迁移率最高是 33%。

4.3.3　数据库如何实现平滑扩容

随着数据库的不断切分,新的问题来了,数据能否平滑迁移,能否持续对外提供服务,以保证服务的可用性呢?

在不考虑可用性的情况下,停服扩容是最简单的一个方案,通过一个公告告知用户由于系统升级需要,在指定的某段时间内系统停止提供服务。

停服扩容方案的优点如下。

- 简单。
- 系统无须额外改动。

停服扩容方案的缺点如下。

- 需要停止服务,不具备高可用性。
- 要在规定时间范围内进行改造迁移,业务人员压力巨大,容易出现误操作。
- 上线后一旦发现问题需要回滚,就会出现数据丢失或者数据重新迁移的问题。

显然这种方案不太优雅和智能,因此本节提供两种平滑扩容的方案,一种是在数据库网络层实施,另一种是在业务逻辑层实施,下面分别进行介绍。

1. 数据库网络层

数据库网络层实现的方案是基于双机热备、Keepalived 以及虚 IP 来实现的,它的原理如图 4-22 所示。

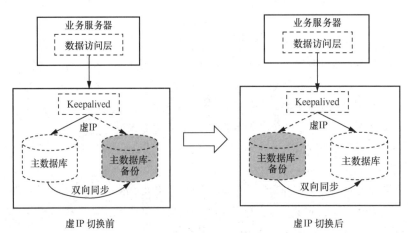

图 4-22　"双机热备+Keepalived+虚 IP"方案

Keepalived 用来定时探测主数据库的存活状态，一旦发现其中一个主数据库出现故障，就将流量分发到另一个主数据库，两个主数据库之间可进行数据的双向同步，切换后无须修改 IP，对外只暴露一个统一的 IP，称为虚 IP（VIP），它的切换过程称为虚 IP 漂移。虚 IP 漂移采取的是链路层的地址解析协议（ARP），在每台服务器上缓存 IP 与 MAC 的映射关系，MAC 对应后台正在提供服务的主数据库地址。因此只要其中一个主数据库发生故障，Keepalived 便会发起 ARP 请求包来刷新本地虚 IP 与 MAC 的映射关系，进而实现自动漂移。

下面基于图 4-22 中的实现方案以 2 个库扩展为 4 个库为例进行分步讲解。

第一步，修改配置，如图 4-23 所示。

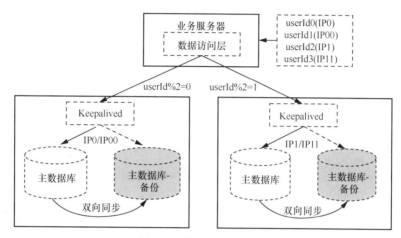

图 4-23　修改分库映射配置

图 4-23 需要修改的地方有两处。

（1）数据库实例所在的机器设置双虚 IP。

- 原 userId%2=0 的库是虚 IP0，现增加一个虚 IP00。
- 原 userId%2=1 的库是虚 IP1，现增加一个虚 IP11。

（2）修改服务的配置，将 2 个库的数据库配置改为 4 个库的数据库配置，修改的时候要注意旧库与新库的映射关系。

- userId%2=0 的库会变为 userId%4=0 与 userId%4=2。
- userId%2=1 的库会变为 userId%4=1 与 userId%4=3。

第二步，重新加载配置，实例扩容，如图 4-24 所示。

服务层重新加载配置有以下两种方式。

- 简单、原始的方式，例如重启服务，读新的配置文件。
- 动态自动化感知方式，例如基于 ZooKeeper 感知配置文件变更，重读配置文件，重新初始化数据库连接池。

不管哪种方式，重新加载配置之后，数据库的实例扩容就完成了，原来是 2 个数据库实例提供服务，现在变为 4 个数据库实例提供服务，这个过程一般可以在秒级完成。

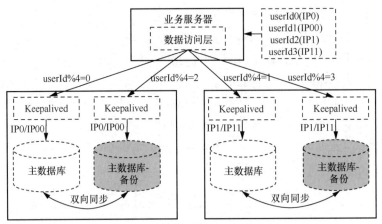

图 4-24 重新加载配置，实例扩容

整个过程可以逐步重启，对服务的正确性和可用性完全没有影响。

- 即使 userId%2 寻库和 userId%4 寻库同时存在，也不影响数据的正确性，因为此时仍然是双主数据库同步的。
- 即使 userId%4=0 与 userId%4=2 的寻库落到同一个数据库实例上，也不影响数据的正确性，因为此时仍然是双主数据库同步的。

完成了实例的扩容，会发现每个数据库的数据量依然没有下降，所以第三步还要做一些收尾工作。

第三步，数据整理和清洗，如图 4-25 所示。

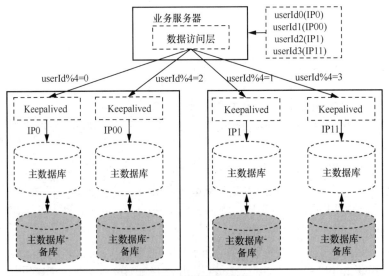

图 4-25 数据整理和清洗

这个步骤主要是对虚 IP 进行重新配置，以及删除和清洗冗余数据。

- 把双虚 IP 修改回单虚 IP。

- 解除旧的双主同步，例如 IP0 和 IP00 对应的主数据库不再同步。
- 增加新的双主同步，保证高可用。
- 删除冗余数据，例如 IP0 里 userId%4=2 的数据全部删除，只为 userId%4=0 的数据提供服务。

这种方案聚焦在网络层实施，对于业务实现和数据库存储层无须做额外改动。

2. 业务逻辑层

业务逻辑层的实现是一种对外运维透明、对内业务逻辑兼容的实现方案，实现的架构方案如图 4-26 所示。

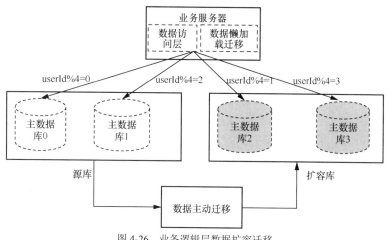

图 4-26　业务逻辑层数据扩容迁移

它的主要流程如下。

（1）新增两个数据库——主数据库 2 及主数据库 3。

（2）部署数据迁移服务，从主数据库 0 以及主数据库 1 读取数据并且按照 userId 的分片映射写入主数据库 2 或者主数据库 3，相对于下面的懒加载迁移，这种迁移服务称为数据主动迁移。

（3）部署业务逻辑服务，新增数据懒加载迁移功能，具体逻辑功能流程如下。

- 数据访问层先按照扩容后的 4 个服务器进行分发访问，如果获取到数据则正常返回。
- 如果没有获取到数据，则从扩容前的源数据库获取，获取到数据后立即返回，同时异步触发数据懒加载迁移模块，将查询到的数据按照最新的分发策略迁移到新的数据库中。

以上两个步骤就称为懒加载服务，解决了线上主动加载数据不及时的问题。

（4）等待主动数据迁移服务将数据迁移完成，然后停止懒加载服务，或者配置中心关闭此服务分支逻辑。

（5）将源数据库中的冗余数据按照 userId 分发策略删除。

接下来需要考虑两个问题。

第一个问题：为什么需要双迁移服务（主动迁移、懒加载迁移）？

如果只有懒加载迁移，那么可以想象一下，如果一个用户的数据一直没有访问是不是就无法加载到新数据库？这样就会导致数据迁移无法完成，因此就需要主动加载进行补充。如果只有主动加载服务，当线上业务所需的数据没有落到最新的分片单元时则无法正常获取这些数据。

第二个问题：如果数据扩容出现问题，回档怎么处理？

这里对此没有明确说明，因为以上方案迁移是扩容最终要实现的形态，如果考虑回档方案，可以在扩容后实现双写（按照一份扩容前的分发策略进行异步写入源数据库）。这里会碰到主动迁移时所出现的数据重复的问题，处理方法很简单，如果迁移过程中发现目标数据库已有 userId 存在，丢弃即可。

4.3.4　NoSQL 综合解决方案

除了传统的关系数据库存储形式，近些年也出现了一些使用非关系数据库（NoSQL）的存储解决方案，如文档存储、数据搜索查询和图存储等。

1. MongoDB

MongoDB 作为文档型数据库的典型代表，在高并发读写的场景下有着广泛的应用，例如日志的存储、基于位置的服务（LBS），详细的应用场景可以参考 3.3.3 节的介绍。这里主要介绍一下基于 MongoDB 的最佳性能设计实践。

适合数据分片的场景具体如下。

- 数据总量太大，在一台服务器上存储出现瓶颈。
- 并发量太大，单台服务器的并发处理出现瓶颈。
- 资源使用太多，例如 I/O 及内存资源，特别是内存无法加载需要的热数据场景。
- 多地部署情况下希望支持本地化读写。

片键类似于 MySQL 的哈希取模分表的唯一值（例如用户 ID），怎样选择片键涉及数据的均匀分布、读优化操作或者写优化操作等场景考量，一般建议遵循如下几点。

- 片键需要基数很高，换句话说就是片键需要在这个集合内有很多不同的值，例如_id 字段就比较适合，它不会重复。
- 片键不应该是随时间线性增长的，例如时间戳这种就很容易出现数据倾斜，即某一时段数据并发量大则写入同一个分片。
- 好的片键应该会让查询定向到某一个（或几个）分片上从而提高查询效率。一般来说这意味着片键应该包括最常用查询用到的字段。
- 好的片键应该足够分散，让新插入的数据可以分布到多个分片上从而提高并发写入率。
- 可以使用几个字段的组合来组成片键，以达到不同的目的，如基数高、分散性及查询定向等。

MongoDB 模式设计不能按照第三范式进行，很多情况下为了提升查询的便利性和性能，通常允许冗余设计。一般来说冗余存储的数据主要是一些变动性不大的数据，如通信地址、手机号码、邮箱地址等，这样不至于要经常去修改它。

另一个场景是数据关联的设计，这里的关联数据也需要看不同的情况进行区分设计。

如果关联数据是一个人的基本信息（例如昵称、邮箱地址、手机号码、头像信息等），这样的信息数量有限，可以通过内嵌的方式来实现，如代码清单 4-12 所示。

代码清单 4-12　个人基本信息字段设计

```
1.    {
2.        user_id: '1234567',
3.        name: 'zhang san',
4.        contact : [
5.            { type: 'mobile', value: '13423675589' },
6.            { type: 'nickname', value: 'nickname'},
7.            { type: 'email', value: 'email@qq.com'}
8.        ]
9.    }
```

但是有些场景关联的数据量比较大，例如一个部门有几百甚至上千人，这时再把信息直接内嵌就不太合适了，这时可采取引用 ID 的方式内嵌，如代码清单 4-13 所示。

代码清单 4-13　部门人员基本信息字段设计

```
1.    {
2.    name : 'department',
3.    president: 'Zhang San',
4.    employees : [
5.    // 下面是部门人员的 ID
6.        ObjectID('AAAA'),
7.        ObjectID('BBBB'),
8.        ObjectID('CCCC'),
9.        ...
10.    ]
11.  }
```

再接下来对于这种多端数据不断增长的场景，例如一个设备的日志信息，就应该考虑将数据创建成一个集合，并在主文档里加入对集合的直接引用，如代码清单 4-14 所示。

代码清单 4-14　设备的日志信息字段设计

```
1.    {
2.        _id : ObjectID('AAAA'),
3.        name : 'app log',
4.        deviceid: '1234567',
5.        manuafacture: 'post a url',
6.        time: ISODate("2020-05-27T09:41:00.000Z")
7.        ...
8.    }
9.    {
10.        time : ISODate("2020-05-27T09:42:41.382Z"),
11.        logslink: ObjectID('AAAA')
12.    }
```

数据嵌套之后会引入一个新的问题，就是经常更新的字段要不要嵌套？答案是不建议，因为 MongoDB 对嵌套数组内的元素是缺乏直接更新的能力的。以学科成绩为例，如代码清单 4-15 所示。

代码清单 4-15 成绩表信息

```
1.    {
2.        name: "zhang san",
3.        courses: [
4.            { name: "English", score: 89 },
5.            { name: "Math", score: 80 },
6.            { name: "Physics", score: 92 }
7.        ]
8.    }
```

对于这种单嵌套方式没有问题，如果需要修改英语成绩，只需要如下操作即可，如代码清单 4-16 所示。

代码清单 4-16 更新英语成绩信息

```
1. db.students.update({name: "zhang san",  "courses.name":"English"}, {$set:{"courses.$.score": 99 }})
```

$ 表示当前匹配的第一个数组元素在数组内的索引。

但是对于下面这种多层嵌套的数据场景就无法直接更新了，如代码清单 4-17 所示。

代码清单 4-17 多层嵌套成绩表信息

```
1.    {
2.        name: "zhang san",
3.        courses: [
4.            { name: "English", scores: [
5.                            {term: 1, score: 82} ,
6.                            {term: 2, score: 93}
7.                        ]
8.            },
9.            { name: "Math", score: 91 }
10.       ]
11.   }
```

这个时候如果想对英语学科的 term 1 的 score 进行修改，就需要把 scores 这个数组整个调到内存，然后在代码里对这个嵌套数组的元素进行修改，这是因为 MongoDB 的数组定位符 $ 只对第一层数组有效。

另外还需要注意的一点是，如果业务存在元数据和图片、文件甚至小视频的二进制数据，建议将元数据字段和这些二进制数据分集合存储，以方便 MongoDB 的压缩数据存储及查询。

2. Elasticsearch 和 HBase 搭配

对于数据字段或者全文索引，行业解决方案通常会采用 Elasticsearch，Elasticsearch 每次查询的数据会缓存到内存的缓存中，这样可提高热点数据的查询性能，基于缓存的搜索架构如图 4-27 所示。

Elasticsearch 搜索引擎严重依赖内存的缓存，即 FileSystemCache。如果全部通过缓存，基本查询都可以在毫秒级返回，如果不通过缓存直接查询磁盘，那么响应的性能就要到秒级了。内存的资源是有限的，如何在有限的缓存资源情况下实现高效的查询性能呢？这里先举一个例子，例如用户的信息有 id、age、email、phone、address、icon、nickname 等一系列字段，如果索引字段只需要 id、age、nickname 的话，那么不考虑 Elasticsearch 内存缓存搜索的特性，把所有字段信息全部写入 Elasticsearch 进行存储，这样就会导致内存中大量的字段信息是不需要索引的，这会占用内存资源，降低热点索引字段的缓存命中率。因此可以考虑将热点数据和其他数据进行分离，例如可以考虑将索引字段 id、age 以及 nickname 写入 Elasticsearch，而用户的其他相关字段信息写入 HBase，从 Elasticsearch 搜索到用户 ID 后再到 HBase 依据 ID 进行二次查询，然后在业务层做数据合并。这样就综合利用了 Elasticsearch 的查询性能以及 HBase 的海量存储读取性能。

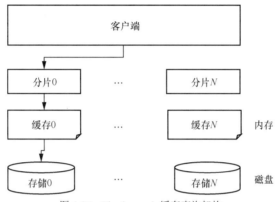

图 4-27　Elasticsearch 缓存查询架构

另外还有一种类似的做法就是源数据实现索引，而具体的文档结构采取额外存储，可结合 Elasticsearch 和 MongoDB 来实现，即同样是 Elasticsearch 存储索引的元数据，而 MongoDB 存储文档数据，二次查询后再做结果汇总处理。

3. Neo4j

MySQL 是关系数据库的代表，它将高度结构化的数据存储在一张多维度的表里面，必须按照约定关系进行存储，例如社交网络好友关系的存储首先需要存储每个用户的信息，如表 4-1 所示。

表 4-1　用户信息

ID	person
1	张三
2	李四
3	王二
4	赵五

接下来需要存储每个用户的好友关系信息，如表 4-2 所示。

表 4-2　用户的好友关系信息

personID	friendID
1	2
2	3
3	4
4	1

这时你发现查询张三的好友，查询出结果是李四，似乎并不复杂。但是，如果问张三的好友的好友是谁？就需要多次查询，先查询出一层好友的 ID，再用这层好友的 ID 查询第二层好友的 ID，然后用这个 ID 来查询具体的人，或者可以采用嵌套查询来实现。但是这样随着间接层不断增加，查询速度就会越来越慢，而且所需的内存开销也越来越大。最后，MySQL 会不堪重负，无法查询出结果。还有另一个场景就是问李四的好友都有谁？你的回答是张三和王二，但是数据库中实际查询到的只有王二，这种反向查询在关系数据库中也显得非常吃力。读者可能会有疑问，这种反向查询有意义吗？非常有意义。推荐系统就采用了反向查询。举个例子，假设张三喜欢编程，那么，还有谁喜欢编程呢？找到喜欢编程的高手推荐给张三来关注。这样，一个简单的推荐功能就实现了，所以推荐系统里这种反向查询的使用非常广泛。

在以上这种复杂连带关系甚至是反向关系查询的业务场景就需要使用图数据库，例如 Neo4j，它可以大幅提升这种场景的数据查询性能，例如刚才说的张三的好友的好友，属于 2 度关系查询，可以用一条语句实现，如代码清单 4-18 所示。

代码清单 4-18　Neo4j 的 2 度社交关系查询语句

```
1.    {MATCH n=(:friend{name:"张三"})-[*..2]-() return n
```

而且这种查询对于更深层次的多度关系查询并不会有性能上的明显影响。这种优势是建立在 Neo4j 这种图数据库和 MySQL 这种关系数据库不同数据存储结构的基础上实现的。Neo4j 的存储结构如图 4-28 所示。

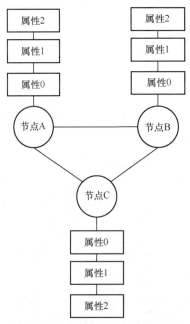

图 4-28　Neo4j 的节点和关系存储结构

每个图数据库都有实体节点，称为 Node，例如每个人的信息，节点之间的关系称为 Relation。

例如张三是李四的好友，节点的属性通过键-值的方式进行双向链表存储，同时节点和节点间的关系也是用一个双向链表来保存的，通过遍历某一个节点的所有关系可以到达其关联的第一层节点，再通过第一层节点就可以到达下一层节点，以此类推，反向关系也是一样的。

4.4　数据缓存

　　数据一般采取数据库作为落地存储介质，但是如果每次都到数据库获取，性能就会受到很大的影响，此时考虑在业务逻辑层和数据库存储层之间加上数据缓存层，只要数据在缓存中命中就直接返回，省去了数据库的获取操作，以提升系统响应性能，它的典型架构如图 4-29 所示。

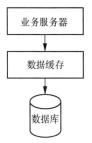

图 4-29　缓存典型架构

　　单纯从读写介质上来看缓存属于内存介质，它的读写性能要高于数据库的磁盘读写性能，但是从系统整体响应来看，缓存却不一定可以加快整个系统的响应速度，这需要看业务场景是否适合做缓存。

4.4.1　适合做缓存的场景

　　系统是否适合做缓存，可以从以下几个指标来评估。

- 首先要看系统的读写比例是多少，对于写多读少的场景（如云端数据备份），就不太适合做缓存，这时可以考虑将数据库进行分库分表，甚至将磁盘更换为 SSD 以提升写入性能。反之，如果系统是读多写少则适合做缓存。
- 系统的并发度高不高，例如如果用户规模只有几千或几万个，并发数只有几十上百的，就没有必要使用缓存，因为这时 MySQL 数据库完全可以应对，如果添加缓存会导致系统更加复杂，不易维护。如果用户规模增大，并发数达到几万甚至几十万，则肯定就需要考虑添加缓存了。
- 数据对一致性的要求高不高，如果对数据一致性要求很高，例如频繁的金融和支付数据变更，这时添加缓存就需要对缓存和数据库的数据一致性做较多的额外处理，稍有不慎就会产生业务问题，所以这种场景就不适合做缓存，反之如果对数据一致性要求不高则可考虑添加缓存。

以上 3 个指标总结为系统缓存评估表，如表 4-3 所示。

表 4-3　系统缓存评估表

指标	场景	是否适合做缓存	缓存效果
系统并发度	并发度低	不适合	效果不佳
	并发度高	适合	效果好
系统读写比例	读多写少	适合	效果好
	读少写多	不适合	效果不佳
数据一致性要求	一致性要求低	适合	效果好
	一致性要求高	不适合	效果不佳

4.4.2　缓存穿透及解决方案

　　缓存穿透是指访问数据库中不存在的数据时，由于数据不存在，因此缓存也不会有，导致请求全部进入数据库，如果此时并发访问量比较大，就可能出现数据库连接超过限制甚至负载过大而宕机的情况。缓存穿透示意如图 4-30 所示。

面对穿透的场景，一般可尝试的解决方案有如下几种。

- 查询参数有效性判断。例如，对于用户 ID 字段，首先会排除业务系统里不可能存在的 ID（如负值 ID 以及一些业务规划里不存在的 ID 范围段），这种方式可以防止一些较为明显的 ID 范围试探查询。
- 查询字段过滤器。专门设计一个查询字段过滤器，例如布隆过滤器，它类似于一个 hashSet 的实现，可以用于快速判断一个值是否存在，它的做法是将每一个有效的查询字段都存入过滤器，每次业务查询的时候先在过滤器中查询一遍，如果数据存在则按照业务逻辑往下执行，如果不存在则返回。Google 的 guava 组件提供了布隆过滤器的完整实现。当业务新增数据或者删除数据时（如新增用户 ID 以及删除用户 ID），都需要将 ID 同步到过滤器，这种模式的全流程示意如图 4-31 所示。

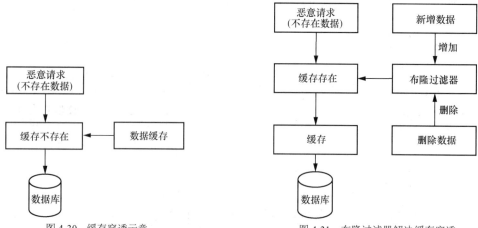

图 4-30　缓存穿透示意　　　　　图 4-31　布隆过滤器解决缓存穿透

- 空结果缓存。这种方式是将数据库查询的任何返回信息都进行缓存，即使是空数据。但是空数据有两种：一种是数据库存在，只是没有查询所以还没有写入缓存，或者缓存已过期；另一种是查询到了数据为空并且缓存起来，这两种情况需要进行区分，前一种是键不存在，返回的是 null，后一种是键存在，返回的是空字符串。对于返回 null 的场景需要继续按照业务流程向下执行，但是返回空字符串的就可以直接返回。对于空字符串的存储还有一个问题，那就是数据只是现在查询时还没有，后续数据随时会增加，所以缓存设置的时间不宜过长，例如 10 分钟以内即可，这样既可以解决穿透问题，也可以最大化提升数据一致性。
- 加锁排队。这种方式是将缓存中没有查询到数据的键仍然按照业务逻辑向下执行（例如查询数据库），但是具体查询数据库的时候执行加锁操作，将查询的并发数控制住，防止短时间内将请求全部打到数据库。一般单机场景下使用 synchronized、Lock 即可，对于分布式服务场景可通过实现分布式锁来处理。

4.4.3 缓存雪崩及解决方案

缓存雪崩也可以称为缓存失效，它是指缓存的数据在某一时刻同时失效，导致外部请求全部进入数据库的场景，如果数据请求并发数过大，同样会导致数据库故障。它的示意如图 4-32 所示。

缓存雪崩原则上只有在高并发访问同一个业务场景下的数据时才可能出现，因为业务属性一样，所以缓存的时间是一致的，如果并发访问就会有大量的数据同时写入缓存，这样就可能会出现到某一个时刻同时失效的场景。面对缓存雪崩的场景，一般尝试的解决方案有如下几种。

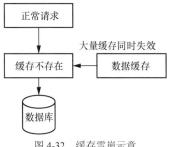

图 4-32　缓存雪崩示意

- 加锁控制，这种方式和缓存穿透的加锁排队类似，即当缓存查询不到数据时，通过加锁控制数据库读取线程的数量，例如只考虑读取一个线程再更新缓存，后面的线程进入逻辑后再考虑先从缓存获取，如果没有从缓存获取到，再到数据库获取，以降低数据库并发请求数。
- 缓存预加载机制，这种方式相当于定时访问数据库来更新缓存，以免缓存失效，但是这种方式对于较少的数据还好处理，如果数据量比较大就需要耗费较多的资源单独来处理。
- 将不同的键进行缓存时在指定缓存失效时间的基础上再添加随机失效时间，例如 5 分钟内的随机数，这样就可以将数据失效的时间分散开，避免缓存雪崩。

4.4.4 缓存击穿及解决方案

缓存击穿也称为缓存并发，指的是某些热点数据失效后，并发请求量特别大，导致请求的数据全部打到后端数据库，进而导致数据库负载过高甚至崩溃的情况。它和缓存雪崩的区别在于，缓存击穿是单个热点键失效，缓存雪崩是大量非热点键失效。缓存击穿的示意如图 4-33 所示。

解决缓存击穿的问题通常也有如下几种方案。

- 后台定时刷新，在后台设置定时任务专门对热点数据进行更新。例如失效前几分钟启动定时任务进行数据缓存刷新操作，更新缓存失效时间。这种模式简单易操作，对缓存键比较固定、缓存的粒度比较粗的较为合适。如果缓存键很分散，缓存的粒度又很细，这样实现就比较复杂。
- 主动检测更新。在业务从数据库获取数据写入缓存时，将缓存失效时间一起写入，每次从缓存获取数据后先比对缓存失效时间和当前时间，如果它们的时间差小于某一个指定阈值则考虑从数据库拉取最新的数据再次更新到缓存。这种做法有一个问题，例如设置的阈值是 5 秒，那么当业务去数据库拉取数据并且更新到缓存的时间超过 5 秒时，缓存已失效，但是刚好有大量请求过来了，这时就会出现请求都涌入数据库的情况，所以保险起见建议将此阈值按照业务对缓存的要求设置得稍微大一些。
- 设置多层缓存。例如设置 C1 和 C2 两个缓存，C2 的缓存时效比 C1 要长一些，先获取 C1 的缓存，失效后再获取 C2 的缓存，这时也异步触发一个线程进行数据加载更新，同时更新到两个缓存中，更新数据的时候将缓存时间调转过来，C2 设置得短一些，C1 设置得长一些，依次类推，多层缓存策略如图 4-34 所示。

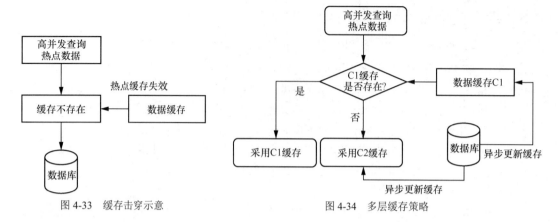

图 4-33   缓存击穿示意   图 4-34   多层缓存策略

- 加锁限制对数据库的并发访问。有以下 4 种实现方式。

第 1 种是对操作数据的方法进行加锁,方法加锁的实现如代码清单 4-19 所示。

代码清单 4-19   方法加锁实现

```
1.      public synchronized List<String> getData01() {
2.          List<String> result = new ArrayList<String>();
3.          // 从缓存读取数据
4.          result = getDataFromCache();
5.          if (result.isEmpty()) {
6.              // 从数据库查询数据
7.              result = getDataFromDB();
8.              // 将查询到的数据写入缓存
9.              setDataToCache(result);
10.         }
11.         return result;
12.     }
```

这种方式实现最为简单,也可以有效防止缓存击穿带来的数据库并发访问问题,但是在缓存未失效的场景下却降低了系统的并发访问性能,所以还需要细化锁的粒度。

第 2 种是对语句加锁,语句加锁的实现如代码清单 4-20 所示。

代码清单 4-20   语句加锁实现

```
1.      static Object lock = new Object();
2.      public List<String> getData02() {
3.          List<String> result = new ArrayList<String>();
4.          // 从缓存读取数据
5.          result = getDataFromCache();
6.          if (result.isEmpty()) {
7.              synchronized (lock) {
8.                  // 从数据库查询数据
9.                  result = getDataFromDB();
10.                 // 将查询到的数据写入缓存
11.                 setDataToCache(result);
12.             }
13.         }
14.         return result;
15.     }
```

　　这种方式避免了缓存未失效场景下的高并发访问，但是失效场景下用户还是需要排队请求到数据库获取数据，这会造成请求阻塞，用户体验降低。

　　第 3 种是缓存二次获取，缓存二次获取的实现如代码清单 4-21 所示。

代码清单 4-21　缓存二次获取实现

```
1.      public List<String> getData03() {
2.         List<String> result = new ArrayList<String>();
3.         // 从缓存读取数据
4.         result = getDataFromCache();
5.         if (result.isEmpty()) {
6.             synchronized (lock) {
7.                 // 双重判断，第二个以及之后的请求不必去查询数据库，直接命中缓存
8.                 // 查询缓存
9.                 result = getDataFromCache();
10.                if (result.isEmpty()) {
11.                    // 从数据库查询数据
12.                    result = getDataFromDB();
13.                    // 将查询到的数据写入缓存
14.                    setDataToCache(result);
15.                }
16.            }
17.        }
18.        return result;
19.    }
```

　　这种方式避免了加锁后再次进入数据库查询，改为先从缓存查询，降低了数据库查询压力，但是用户仍然需要等待排队进入以获取数据。

　　第 4 种是分布式锁实现，分布式锁实现如代码清单 4-22 所示。

代码清单 4-22　分布式锁实现

```
1.      static DistributeLock distributeLock = new DistributeLock();
2.      public List<String> getData04() throws InterruptedException {
3.         List<String> result = new ArrayList<String>();
4.         // 从缓存读取数据
5.         result = getDataFromCache();
6.         if (result.isEmpty()) {
7.             if (distributeLock.cacheUpdate()|| distributeLock.tryLock()) {
8.                 if(distributeLock.cacheUpdate()){
9.                     // 查询缓存
10.                    result = getDataFromCache();
11.                    return result;
12.                }
13.                // 从数据库查询数据
14.                result = getDataFromDB();
15.                // 将查询到的数据写入缓存
16.                setDataToCache(result);
17.                // 将缓存更新到分布式锁标记中
18.                distributeLockUpdateCache()
19.                // 释放分布式锁
20.                distributeLock.releaseLock()
21.            }else{
```

```
22.                              // 等待缓存更新
23.                              while(!distributeLock.cacheUpdate()){
24.                                  Thread.sleep(50);
25.                              }
26.                              result = getDataFromCache();
27.                          }
28.                      }
29.              return result;
30.      }
```

这种方式先保障一个线程在数据库完成更新，如果并发请求过来，则先等待第一个线程的数据更新，剩下的就无须等待锁获取，只要发现缓存已更新即可进行数据获取。但是并发获取锁请求失败的线程会进入 else 分支等待更新，再从缓存获取，这些请求会有部分性能损耗。整体上相对于代码清单 4-21 的实现，这种实现会使并发能力有较大提升。为了保障数据库的数据提前更新到缓存，缓存更新标志的失效时间要早于数据缓存失效时间。

4.4.5　如何保障缓存与数据库数据的一致性

添加缓存之后业务面临一个新的问题，那就是缓存和数据库数据如何保持一致？下面详细介绍几种保持数据一致性的方式。

1. 懒加载

懒加载指的是当查询数据的时候发现缓存不存在，主动到数据库进行查询并加载到缓存，而当数据执行更新或者添加操作的时候只是删除缓存，不做缓存加载的操作。因此这种方式就聚焦在数据更新或者添加时如何删除缓存以保障缓存数据清除干净的问题，对于缓存数据的删除，直观的理解有数据库更新前删除以及更新后删除，分别来看一下这两种删除的效果。

对于只在数据库更新前删除，缓存已经删除，但是数据还没有更新到数据库，这时并发请求过来发现缓存没有数据，它会从数据库获取数据（这时获取的数据是旧数据），再更新到缓存，这样就导致缓存出现脏数据。

对于只在数据库更新后删除，数据库更新成功，但是突然出现各种原因导致系统宕机，没有来得及进行后面的缓存删除，这样就导致缓存数据仍然是旧数据，仍然出现缓存脏数据。

有没有一种比较好的方式能完美地解决这个问题呢？缓存双删就是在数据库更新前后都进行缓存删除，如图 4-35 所示。

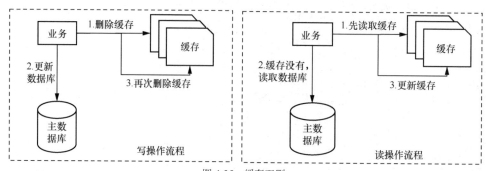

图 4-35　缓存双删

缓存双删主要体现在写操作，它的写/读操作分别如图 4-35 的左图和右图所示。

流程非常简单，实现也比较容易，写之前删除一次，写之后再删除一次。但是深入分析写操作会发现，如果在第 1 步之后、第 2 步之前有一个服务获取了数据库数据，此刻数据库里的数据是旧数据，但是这个服务到第 3 步之后又更新到了缓存，这时缓存就出现了脏数据。针对这个情况可以考虑延迟双删的处理方式，怎么延迟呢？第 3 步删除采取消息队列异步删除的方式来实现，充分保障这种脏数据先写入缓存，再删除它，不过这种做法只是降低了脏数据写入的概率，并不是完全杜绝了脏数据的出现，它的步骤如下。

（1）先删除缓存。

（2）再写数据库。

（3）删除的键触发异步写入消息队列。

（4）消息队列消费，再次删除缓存。

如果双删失败该怎么处理呢？这里再介绍几种实现方案。

第 1 种实现方案是设置缓存过期时间。从理论上来说，给缓存设置过期时间是保证最终一致性的解决方案。所有的读操作以数据库为准，只要到达缓存过期时间，则后面的读请求自然会从数据库中获取新值然后回填缓存。结合双删策略+缓存超时设置时，最差的情况是在超时内数据存在不一致。

第 2 种实现方案是业务层重试方案。业务层重试方案的实现流程如图 4-36 所示。

图 4-36 展示的执行流程（数字 1 到数字 5）的说明如下。

1 代表更新数据库数据之前先删除缓存数据，以防出现更新数据库成功后系统出现故障没有执行第二次删除操作的情况。

2 代表数据库更新数据。

3 代表数据库更新之后再次删除缓存数据，以防出现并发获取数据库数据后将旧数据再次写入缓存的情况。

4 代表因为种种问题缓存数据删除失败，将需要删除的键发送至消息队列重试。

5 代表消费消息队列的待重试删除的键，并继续重试删除操作，直到成功。

然而，该方案有一个缺点，即对业务代码造成大量的侵入。于是有了另一种方案，在这种方案中，启动一个订阅程序去订阅数据库的 binlog，获得需要操作的数据，将需要操作的数据写入消息队列，通过消息队列的数据消费实现对缓存的删除。

基于数据库 binlog 解析后实现缓存删除的方案，实现流程如图 4-37 所示。

这个方案的流程（数字 1 到数字 4）具体说明如下。

1 代表更新数据库数据之前先做缓存数据删除。

2 代表更新数据库数据。

3 代表数据库会将操作信息写入 binlog 日志当中，通过 binlog 日志解析并同步写入消息队列。

4 代表通过消费 binlog 的日志数据，重试删除缓存操作，直到成功。

2．主动加载

主动加载就是在数据库更新后同步或者异步进行缓存更新，主动加载缓存如图 4-38 所示。

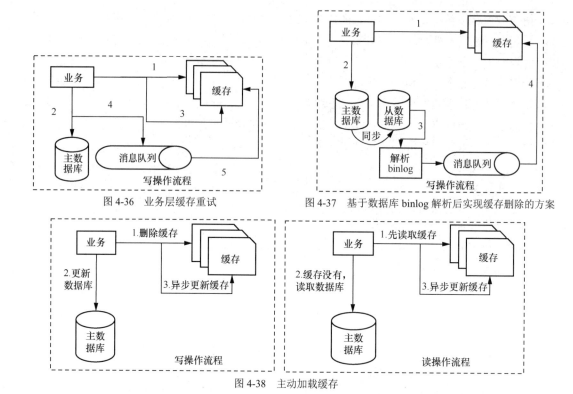

图 4-36 业务层缓存重试

图 4-37 基于数据库 binlog 解析后实现缓存删除的方案

图 4-38 主动加载缓存

图 4-38 展示了主动加载缓存的实现流程，下面通过写操作流程和读操作流程分别阐述一下它的逻辑。

- 写操作流程：第一步先删除缓存，删除之后再更新数据库，之后再异步将数据刷回缓存。
- 读操作流程：第一步先读取缓存，如果缓存没读取到，则读取数据库，之后再异步将数据刷回缓存。

这种方式简单易用，但是它有一个致命的缺点，那就是并发会出现脏数据。

试想一下，假设同时有多个服务器的多个线程进行"写操作步骤 2 即更新数据库"，数据库更新完成之后，它们就要进行异步刷缓存，我们都知道多服务器的异步操作是无法保证顺序的，所以后面的刷新操作存在相互覆盖的并发问题，也就是说，线程先更新数据库，但是后刷新缓存，那么这个时候，旧的数据就会覆盖新的数据，最终数据也是不一致的。

再试想一下读写并发，假设写操作服务器步骤 3 完成之后，也就是在写操作将最新的数据异步更新到了缓存之后，读操作服务器的步骤 3 才被执行，也就是之前读取的旧数据再次更新到缓存，这个时候就相当于更新前的数据写入缓存，最终数据还是错的。

而这种脏数据的产生原因在于这种方式的主动刷新缓存属于非幂等操作，那么如何解决这个问题呢？

（1）前面介绍的双删操作方案中因为每次删除操作都是无状态的，所以是幂等的。

（2）将刷新操作串行处理。

基于串行处理的刷新操作方案的详细架构如图 4-39 所示。

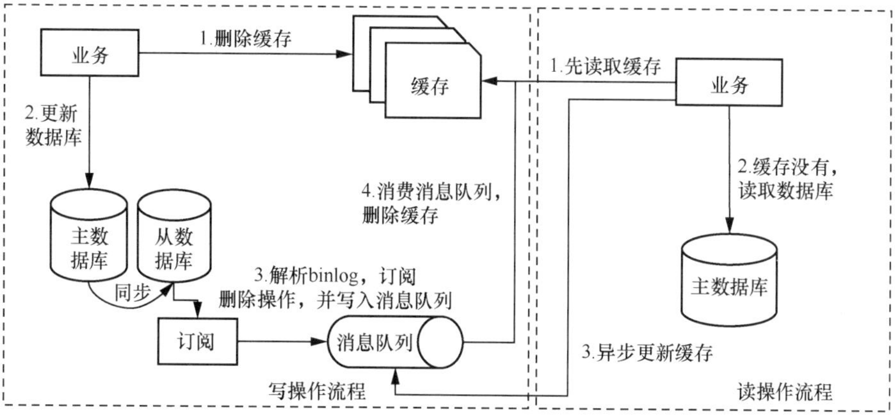

图 4-39 基于串行处理的刷新操作方案的详细架构

下面从写操作流程和读操作流程两个方面阐述基于串行处理的刷新操作方案。

- 写操作流程：先删除缓存，删除之后再更新数据库，监听从数据库的 binlog，通过分析 binlog 我们解析出需要刷新的数据标识，然后将数据标识写入消息队列。接下来就消费消息队列，解析消息后读取数据库获取相应的数据并刷新到缓存。消息队列可基于单分区实现串行操作。

- 读操作流程：第一步先读取缓存，如果缓存没读取到，则去读取数据库，之后再异步将数据标识写入消息队列（这里的消息队列与写流程的是同一个），接下来也是通过消费消息队列的消息并解析出待删除的键，依据键读取数据库获取相应的数据并刷新到缓存。

4.5 业务逻辑

业务逻辑层的优化主要是针对业务场景做异步处理，或者采取消息队列做削峰填谷处理，以加快整体业务逻辑的处理性能。

4.5.1 异步处理

异步操作是将一个处理流程分为多个阶段，每个阶段通过参数传递或者共享参数的方式进行协作，保障了核心快速业务在前面的阶段处理，而复杂耗时的业务放在后面的阶段再处理，相对于同步操作，它有效地减少了用户可感知的处理时间。这里介绍几种典型的异步处理方式。

（1）回调（callback）：异步处理的最朴素实现，它在很多语言里的实现细节略有不同，如面向对象编程里的接口回调就属于这类。这里以一个报名系统为例来阐述一下回调的过程。假设一个报名系统先进行信息添加，接下来需要后台进行审核，审核通过之后再发通知信息，这个过程用回调表示如代码清单 4-23 所示。

代码清单 4-23 回调实现异步处理

```
1.   /**
2.    *  报名者处理类
3.    */
4.   class Applicants{
5.      private void callBack(String resultMsg){
6.         System.out.print(resultMsg);
7.      }
8.   }
9.   /**
10.   *  提交报名者信息处理类
11.   */
12.  class Register{
13.     Audit audit = new Audit()
14.     private void signUp(Applicants applicants){
15.        System.out.print("提交报名者信息");
16.         //用线程模拟开始审核材料，非实际代码实现
17.         Thread.run(
18.            audit.start(applicants)
19.         )
20.      }
21.  }
22.  /**
23.   *  审核处理类
24.   */
25.  class Audit{
26.     private void start(Applicants applicants){
27.        System.out.print("开始审核材料");
28.        //审核通过，回调通知报名者
29.        applicants.callBack(resultMsg)
30.      }
31.  }
```

（2）事件监听：这种方式和回调是相伴相生的，它的内部实现机制和回调一致，不过看待的角度不同，可以理解为回调是从调用者的角度来描述，事件监听是从被调用者的角度来观察。将上面代码中的报名者信息再次封装一层就可以使之成为监听器模式，如代码清单 4-24 所示。

代码清单 4-24 监听实现异步处理

```
1.   /**
2.    *  报名者处理类，结果为监听器模式
3.    */
4.   class Applicants implements ResultListener{
5.      private void handleResult(String resultMsg){
6.         System.out.print(resultMsg);
7.      }
8.   }
9.   /**
10.   *  提交报名者信息处理类
11.   */
12.  class Register{
13.     Audit audit = new Audit()
14.     private void signUp(Applicants applicants){
15.        System.out.print("提交报名者信息");
```

```
16.              //为审核类添加监听器信息
17.              audit.addListener(applicants);
18.              //用线程模拟开始审计材料，非实际代码实现
19.              Thread.run(
20.                  audit.start()
21.              )
22.          }
23.      }
24.      /**
25.       * 审核处理类
26.       */
27.      class Audit{
28.          //定义监听器信息
29.          private ResultListener listener;
30.
31.          @Override
32.          public void addListener(ResultListener listener) {
33.              This.listener = listener
34.          }
35.          private void start(){
36.              System.out.print("开始审核材料");
37.               //监听器回调
38.               listener.handleResult(resultMsg)
39.          }
40.      }
```

（3）发布/订阅者模式：获取信息的生产者发布消息，消费者订阅这些消息，中间通过共享存储等方式进行数据传递，这种模式的典型实现就是消息队列。在上面的例子中有 3 个阶段，分别是报名者提交信息、对提交的信息进行审核、审核完成之后通知报名者。这 3 个阶段都可通过发布/订阅者模式来实现。这里将报名者提交信息到信息审核的过程以发布/订阅者模式实现，如代码清单 4-25 所示。

代码清单 4-25　发布/订阅者模式实现异步处理

```
1.   //以全局变量模拟报名者信息在发布/订阅者之间共享
2.   Static BlockingQueue<Applicants> applicantsQueue =  new ArrayBlockingQueue
     <Applicants>;
3.   /**
4.    * 提交报名者信息处理类
5.    */
6.   class Register{
7.       private void signUp(Applicants applicants){
8.           System.out.print("提交报名者信息");
9.            //发布报名者信息
10.           publish(applicants)
11.      }
12.      //发布报名者信息，这里赋值全局变量进行模拟，实践中可采用消息队列实现
13.      private void publish(Applicants applicants){
14.       applicantsQueue.offer(applicants);
15.      }
16.  }
17.  /**
18.   * 审核处理类
19.   */
```

```
20.  class Audit{
21.     //拉取订阅的消息
22.     private void poll(){
23.        //获取报名者信息, 开始审核材料
24.        Applicants applicants = applicantsQueue.peek();
25.        System.out.print("开始审核材料");
26.     }
```

4.5.2　消息队列

在 4.5.1 节提到过发布/订阅者模式的一个典型实现就是消息队列, 消息队列可以有效提升系统的处理性能, 应用也非常广泛, 这里以几个典型系统使用的场景来讲解一下消息队列的应用。

1. 电商系统

在用户下单之后完成订单系统的持久化, 再将消息写入消息队列, 库存系统订阅消息队列获取下单信息进行库存扣减操作。这样做保障了系统模块之间的解耦, 即使库存系统有问题, 也不会影响用户的下单操作。

秒杀环节在用户提交请求后, 先将请求写入消息队列, 秒杀处理业务从消息队列获取请求做后续处理。这样做保障了接入服务的有效响应, 用户的请求可以被充分接收, 不至于让请求提示用户操作失败。同时也可以进行流量削峰, 例如提交阶段的请求并发量肯定很大, 这样通过消息队列进行消息传递后, 对流量就做了削峰处理, 可以有效保护后端的秒杀处理业务。

2. 日志系统

日志客户端负责日志数据的采集, 采集之后需要传递到日志处理系统进行处理, 例如分类、日志信息提取等, 在这中间传输的组件可采用消息队列来实现, 一方面可满足大规模数据的传输, 另一方面也可以实现数据采集和日志处理系统的解耦。

3. 消息通信系统

点对点通信场景中, A 要发送消息给 B, 首先会将消息发送到消息队列, B 再从消息队列消费。

聊天室通信场景中, A/B/C 等同一个聊天室的所有用户订阅同一个消息队列的主题, 同时任何一个用户发送的消息都写到该主题, 消息以广播的形式进行发布。

4.6　架构模式与负载均衡

本节主要介绍高并发服务器架构的几种模式及演进, 这里先介绍一些相关的基础概念。

- 进程模式: 分为单进程、多进程以及多线程。
- 进程: 系统资源分配的最小单位, 这些资源包含独立地址的存储和运行空间、文件描述符等。一个进程至少包含一个线程。
- 线程: CPU 调度的最小单位, 不拥有系统资源, 共用进程的资源。引入线程是提升系统并发性的核心措施。

I/O 模式, 分为同步和异步, 阻塞和非阻塞。

- 同步和异步：描述的是消息通信机制，可以理解为进程之间的协作关系。同步是指发出一个调用后等待调用结果的返回，一旦返回就代表有结果。而异步是指先触发一个调用然后就返回，如果有结果再将结果告知调用方。
- 阻塞和非阻塞：描述的是程序在等待结果时的状态，可以理解为单进程内线程的状态。阻塞是指在结果返回之前，当前线程被挂起，结果返回再唤醒。而非阻塞是指在结果返回之前不阻塞当前线程。

4.6.1 多进程并发模式与多线程并发模式

PPC（process per connection）即每新来一个连接就创建一个进程，也可称为多进程并发模式。将每个请求的文件描述符传给子进程处理，形成进程和请求之间一对一的处理关系，当请求处理完之后释放文件描述符，并关闭子进程。由于每个请求都创建一个子进程，因此进程的创建代价非常高。有一种预创建进程的模式，当用户请求过来的时候省去了调用进程创建的耗时，降低了系统处理耗时。即使经过这样的优化，这种多进程的模式还是存在如下两个较大的弊端。

- 父进程和子进程之间的通信复杂。由于进程之间的资源是隔离的，因此通信只能采取管道、信号量、消息队列或者共享内存的方式来进行。
- 系统允许的进程数有限。这是并发数进一步扩大的最大瓶颈。

由于 PPC 存在这些较大的弊端，因此其现实应用并不多，这样就进一步衍生出一种多线程并发模式 TPC（thread per connection），它的含义就是每新来一个连接就创建一个线程。这种方式相对于多进程更轻量，创建的时候消耗也更小，同时由于多线程之间的资源是共享进程的，因此线程间的通信就方便了很多。考虑到线程创建仍然会有耗时，影响用户体验，所以以和多进程并发模式一样也有预建线程的模式。但是线程的引入也带来了较多的弊端，具体如下。

- 线程相比于进程可提升并发数，但是基本单机场景下也只有数千，如果并发数再增加，同样存在严重的性能问题。
- 线程对进程的资源是共享的，出于对数据安全访问的考虑，多线程间存在互斥，甚至会出现死锁，同样带来了系统处理的复杂度。
- 进程间不会互相影响，但是多线程之间存在这个问题，如其中一个线程出现一些内存访问越界的问题会导致整个进程退出。
- 资源切换问题，多线程在一个进程间处理，它们有自己处理的线程栈，每次切换线程，需要切换上下文信息，这会带来额外的资源消耗。

不管是多进程模式还是多线程模式，它们实现并发的思路是不断地扩充后端处理请求的数量，而数量的增多会反过来增大系统的内耗，最终到达一个瓶颈后就再也无法提升并发数，这就需要考虑另一种实现方式，这时基于 I/O 的访问模式就出现了。

4.6.2 阻塞与非阻塞 I/O 模式

I/O 模式上有两种非常经典的架构模式，一个是 Reactor，另一个是 Proactor，但是两者在阻塞和非阻塞上有所区别，Reactor 属于异步阻塞 I/O 模式，而 Proactor 属于异步非阻塞 I/O 模式，下面分别详细阐述一下。

1. Reactor

一般异步阻塞 I/O 通常称为 I/O 多路复用，通俗的理解就是将 I/O 的通路通过类似于拨动开关的方式进行数据流的分发，Java 中的选择器和 Linux 中的 epoll 都属于这种模式。一个典型的 Reactor 架构模式交互流程如图 4-40 所示。

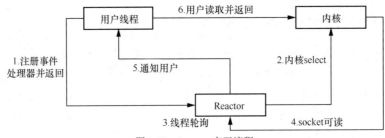

图 4-40　Reactor 交互流程

通过 Reactor 的方式，可以将用户线程轮询 I/O 操作状态的工作统一交给 Reactor 的事件处理器循环进行处理。此时用户线程可以继续执行其他任务，不用关心内核什么时候处理完成，只需要等待 Reactor 的通知。Reactor 会向内核发起 select 操作并轮询其 socket 的状态，这步操作是阻塞的，这就是 Reactor 被称为阻塞 I/O 的原因。获取到可读的 socket 后就通知用户线程，用户线程直接从内核读取 socket 的信息。Reactor 是比较常见的 I/O 复用模式，在很多中间件（如 Redis、Kafka、Nginx 等）里都有使用。但是它仍然不是最彻底的异步 I/O 模式，因为刚才讲到了 select 会有阻塞。

2. Proactor

Proactor 是一种真正意义上的异步 I/O，需要操作系统级支持才能实现。Linux 从内核 2.6 开始支持异步 I/O，Java 7 开始也支持异步 I/O。在 I/O 多路复用模式中，事件循环将文件句柄的状态事件通知给用户线程，由用户线程自行读取数据、处理数据。而在异步 I/O 模式中，当用户线程收到通知时，数据已经被内核读取完毕，并放在了用户线程指定的缓冲区内，内核在 I/O 完成后通知用户线程直接使用即可。异步 I/O 模式使用 Proactor 设计模式实现了这一机制。一个典型的 Proactor 的架构模式交互流程如图 4-41 所示。

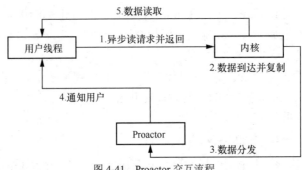

图 4-41　Proactor 交互流程

在异步 I/O 模式中，用户线程直接使用系统提供的异步 I/O 接口发起读数据请求并返回。此时用户线程已将事件读取通知机制注册到内核了，在系统内核态会分配独立线程进行 socket 的监听，如果有数据到来，则直接将数据复制到用户态（即 Proactor 的缓冲区中），并通过 Proactor 告知用户线程，用户线程再从指定的缓冲区读取数据，完成整个读取流程。

相比于 Reactor，Proactor 并不常见，很多高性能并发服务器采用 Reactor 加多线程处理的架构模式就可以满足需求，而且当前的操作系统对异步 I/O 的支持并不是很完善，大多数情况下仍然采用 I/O 多路复用模拟异步 I/O 的实现。常见的 Proactor 模式实现有 IOCP 以及 Boost.Asio 等。

4.6.3 负载均衡架构

负载均衡的目标就是通过后端多个服务器均衡分担负载来提升整体系统的响应性能。一个无负载均衡服务架构如图 4-42 所示。

这种模式有两个比较大的缺陷：一个是当前端用户请求不断增加而超过后台服务器的处理能力时，服务器会出现响应延迟甚至宕机的问题，这一点涉及的是性能问题；另一个是在服务器宕机后没有任何其他服务器可以实时响应，这一点涉及的是高可用问题，在第 5 章中也会讲到。

实现负载均衡后，系统的架构如图 4-43 所示。

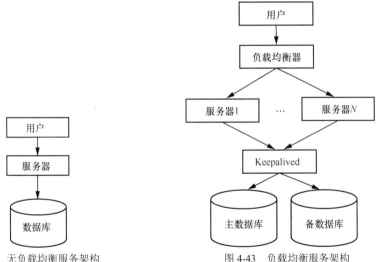

图 4-42　无负载均衡服务架构　　　　图 4-43　负载均衡服务架构

用户访问后端服务器时通过负载均衡器将请求分发到后端，同时后台数据库也实现主备，依据 Keepalived 实现故障动态切换，这样处理后系统的处理能力就可提升到之前的 N 倍，并且依据业务的实际情况还可横向扩展，进一步提升处理能力。典型的承担负载均衡功能的组件是 Nginx，但是随着并发进一步提升，单机 Nginx 的处理能力有限，一般是在 2 万+，这里就需要引入一个分发性能更好的组件，如 LVS。LVS 的性能比 Nginx 高几个数量级，同时通过 Keepalived 进行双机热备。这种场景下的架构如图 4-44 所示。

那么负载均衡分发器是如何将请求分发到后端服务器的呢？这里涉及两个层面，一个是后端服务器的健康度探测，另一个是负载均衡算法。

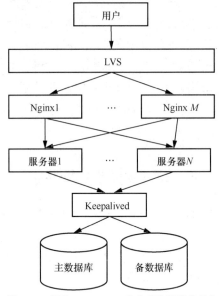

图 4-44　基于 LVS+Nginx 的负载均衡服务架构

首先负载均衡器会配置后端服务器的地址，并设置健康探测失败的阈值（如健康探测的超时以及失败次数等）。如果探测到满足健康条件的阈值，则将其加入健康服务器池，否则从监控服务器池剔除。例如，Nginx 的一个健康探测的配置如代码清单 4-26 所示。

代码清单 4-26　Nginx 后端服务器及健康探测配置

```
1.    upstream backendServer{
2.        server 127.0.0.1:8010  max_fails=1 fail_timeout=10s;
3.        server 127.0.0.1:8011  max_fails=1 fail_timeout=10s;
4.    }
```

以上代表的是后端有两台服务器进行负载分发，每台服务器健康探测失败一次就认为有故障，每次探测等待的最长时间是 10s。

接下来就是后端负载均衡分发的算法，例如 Nginx 具备 6 种负载均衡算法，参见 4.2.3 节，这里不再赘述。

4.7　小结

本章主要介绍了分布式系统高性能架构的几种实现方案，先从性能指标及含义入手，再分别从客户端及网络接入层、数据存储层、数据缓存层以及业务逻辑层进行逐个分析，阐述了每个分层下的高性能实现方案，最后讨论了服务器高并发架构发展的演进模式，并就实现方案的优劣进行了分析，同时就负载均衡架构进行了简要分析。

第 5 章

高可用架构

系统的可用性描述了一个系统在允许的时间范围内可对外提供服务的能力，为什么要强调在允许的时间范围内呢？显然业务在允许的时间范围内没有响应就会被认为出现了系统故障，例如之前讲到的 Nginx 对后端服务器的心跳探测也有一个超时限制。如果高可用代表着系统绝大多数时间都是可提供服务的，那么这个时间是如何来定义的呢？一般采取 N 个 9 的方式来表示，例如99%的系统可用则代表系统全年有约 87 小时的故障，而 99.999%称为 5 个 9 稳定性，代表系统全年故障时间还不到 6 分钟。

那么一般来说有哪些情况会导致系统不可用呢？

- 恶意攻击，例如应用层的 DOS 攻击，通过大量的访问导致系统处理负载过大，无法正常响应。
- 硬件故障导致服务器宕机，无法响应。
- 系统 bug 导致内存溢出，或者其他一些运行时异常，导致系统故障。
- 系统组件没有实现高可用，例如 Nginx 或者数据库等。

5.1 分布式系统的几个理论

下面主要介绍 CAP 和 BASE 理论，涉及对数据的一致性、系统的可用性以及系统的网络通信等因素的讨论。通过本节的学习，读者可以从理论角度加深对后续的高可用优化方案的理解。

5.1.1 CAP 理论

分布式系统下常见的 3 个指标为：

- 数据一致性（consistency）；
- 系统可用性（availability）；
- 系统连通性，也称为分区容错性（partition tolerance）。

取三者的首字母大写，将其称为 CAP 理论。CAP 理论指出，这三者无法同时实现，只能实现其二，在分布式多副本场景中，由于网络连通性问题是不可避免的，也就是说网络抖动导致的数据分区是客观存在的，因此一般来说分布式多副本场景下 CAP 最终关注的是选择 AP 还是选择 CP。

1. 数据一致性

数据的一致性问题产生于数据分区，只有数据存在多分区存储，才需要进行数据一致性处理，例如数据库数据存储在主数据库，通过网络同步到从数据库，就会存在数据不一致的情况，如图 5-1 所示。

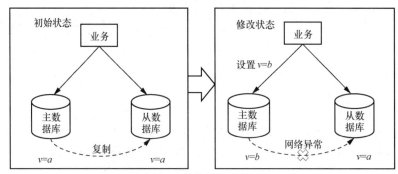

图 5-1 主从数据一致性

初始状态下数据 v 在主从数据库里都为 a，业务在某一个时刻修改了主数据库中的 v 为 b，这时主从同步网络出现故障，导致从数据库中的 v 仍然是 a，出现了数据不一致的问题。一致性的问题是很常见的，只要在多分区场景下（例如数据库主从、数据库和缓存、多数据中心数据等）就会存在。通常来说，对数据一致性问题的处理有两种方式。

- 数据串行化处理，例如使用消息队列的分区机制实现。
- 通过为数据加上标准化的时间戳来实现，数据无须有序，并发处理也可以，最终设置的时候只需要针对时间戳进行比较，按照最新的时间戳进行设置。

2. 系统可用性

系统的可用性已经在本章开头说明，这里再从系统响应的角度说明一下。可用性的含义是系统只要收到请求就必须响应，可以理解为 7×24h 持续提供服务，它需要和系统可靠性区分开，可靠性是指系统输出的正确性，例如我需要查询深圳到广州的高铁票，如果系统显示出长沙到广州的票，就意味着系统不可靠，但是此时系统仍然是可用的，所以总结如下。

- 系统可用性：7×24h 持续性服务，关注的是时间维度的可用性。
- 系统可靠性：发出正确的指令后得到正确的输出，关注的是信息的准确性。

例如，系统的集群机制、反向代理机制、服务治理机制、系统降级机制都用于解决系统的可用性问题。

3. 系统连通性

系统连通性也称为分区容错性，官方标准释义是指分布式系统在遇到某节点或网络分区故障的时候，仍然能够对外提供满足一致性和可用性的服务。前面也讲到分区会衍生出数据一致性问题，而要解决一致性问题，首先就需要考虑分区的连通性问题。系统之间的各个节点不可能是孤立的，需要通过网络通信进行连接，但是网络质量及通信的可靠性是无法保障的，这是综合考虑 CAP 三者的前提，也就是系统连通性一定要考虑到不可靠的情况，即使它在大多数情况下是正常的，那么剩下的就是在系统可用性和数据一致性之间进行选择。这里举例来说明三者为什么无法兼得。

还是以图 5-1 为例，如果考虑到系统连通性不一定可靠，主数据库修改设置值为 $v=b$，那么当访问从数据库时，要么就是等待网络恢复并将数据同步到一致，这样就无法做到在业务允许的时间范围内进行响应，从而牺牲了可用性；要么满足可用性及时响应，这样就无法保证数据一致。

既然 CAP 理论最终重点关注的是 AP 和 CP 的选择，那么一个系统选择 AP 还是 CP 是如何设计的呢？这里以用户信息存储为例，例如简单将用户 ID 和用户名称两个字段的信息存储在缓存中。数据在两个机房存储，这里先介绍选择高可用场景的设计方案，如图 5-2 所示。

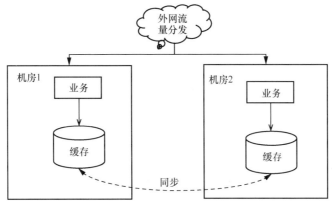

图 5-2 用户信息存储多机房高可用业务方案

如果选择 AP 即高可用方式，多机房之间的数据只通过消息队列进行同步，每个机房的流量只在本地获取信息，获取到了直接返回，但是信息的写入只在一个机房，系统不关注数据在两个机房之间是否一致，实现响应优先。

如果选择数据一致性场景，这个方案又该如何设计呢？首先想到的一个方案是数据分片，即将不同用户路由到不同的机房进行访问，该用户的所有数据读写都在同一个机房，避免多机房的数据分区导致不一致，但是对于这种方案，当其中一个机房出现故障的时候就无法保障机房所在用户信息的正常访问，所以这种方案还可采取异步数据同步的方式，总结来说就是系统机房无故障情况下将用户路由到指定机房保障数据一致性，如果出现故障则切换到另一个机房，如图 5-3 所示。

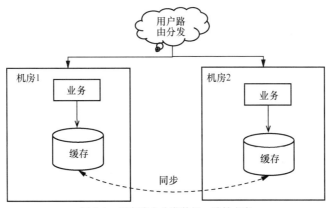

图 5-3 用户路由分发数据一致性方案

对于这个方案，当其中一个机房出现故障时，只需要将用户路由分发器进行重新配置，用户的所有请求转发到另一个机房，由于数据都在不断地进行同步，因此保障了系统可用性以及数据的基本一致，但不是强一致，这种方案适合数据修改不频繁的场景，例如用户信息一般修改会比较少，可采取这种方案。频繁修改或者一次性使用的数据则不适合采用这种方案，因为机房流量切换的时候很有可能出现最新修改的数据没有同步到另一个机房的情况，例如授权系统的访问令牌（token），这个 token 一般是有时效性的，时效一过则需要服务器重新生成一个新的 token，那么这种场景下的数据一致性方案如何实现呢？如图 5-4 所示。

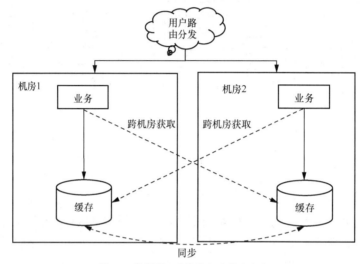

图 5-4　数据强一致性跨机房获取方案

相比于图 5-3 的方案，这里多了一个跨机房实时获取，例如 token 里会自带时间戳以及生成机房的标识，通过时间戳判断 token 是否已失效，若已失效则直接跨机房到指定机房获取最新的 token 进行验证。

5.1.2　BASE 理论

BASE 理论是 eBay 架构师 Dan Pritchett 对大规模分布式系统的实践总结，他首先在 ACM 上发表文章全面阐述了 BASE 理论。BASE 理论由 CAP 理论演化而来，它的核心思想是如果一个系统无法做到强一致性（strong consistency），那么可以依据业务自身的特性采取适当的方法使系统达到最终一致性（eventual consistency），BASE 理论涉及以下 3 个概念：

- 基本可用（basically available）；
- 软状态（soft state）；
- 最终一致性。

1. 基本可用

基本可用是相对于高可用而言的，它表示的是系统在出现故障时还可以使用，只是有一定损失，例如响应速度会变慢，功能上会有损失。

- 响应时间延迟：例如系统正常响应可能在 300ms 以内就可实现，但是出现系统故障时，系统变为 3s 响应。例如，多机房场景下，一个机房的某一个模块出现故障，此时系统旁路检测发现问题，所以将请求分发到另一个机房的相同服务进行获取再返回，这样响应时间上肯定有一些延迟。
- 功能有损：例如有一个电商网站，正常情况下其各种读写功能都可使用，但是为了大促考虑，需要降级一些非核心模块的写服务，如降级用户信息修改等服务，保障给核心业务分配更多的资源。

2. 软状态

软状态是相对于原子性处理而言的，后者要求所有的阶段保持一致，例如一致成功或者一致失败，而软状态不一样，它允许出现中间不一致的状态，前提是不影响系统的可用性。也就是说在多数据副本场景下允许数据延迟导致不一致。例如，图 5-2 所示的机房间数据同步采取消息队列同步的做法就可以认为是一种软状态+最终一致性模式的实现。

3. 最终一致性

软状态只是一个中间状态，它不可能永久存在，所以在业务允许的时间范围内需要做到最终一致，这个时间取决于网络延迟、系统负载、数据复制方案设计等因素。

最终一致性根据业务场景可以分为以下 5 种。

- 因果一致性（causal consistency）。因果一致性指的是：如果节点 A 在更新完某个数据后通知了节点 B，那么节点 B 之后对该数据的访问和修改都基于节点 A 更新后的值，而和节点 A 无因果关系的节点 C 的数据访问则没有这样的限制。例如，电商业务里的下单和支付就属于这一种。
- 读己之所写（read your writes）。读己之所写指的是：当节点 A 更新一个数据后，它总是能访问到自身更新过的最新值，而不会看到旧值。这也是因果一致性的一种，只不过是单个事件的内部逻辑，而因果一致性可能是多个事件的因果关系。例如，支付系统扣款完成之后再刷新余额就属于这一种。
- 会话一致性（session consistency）。会话一致性指的是：将对系统数据的访问过程限定在一个会话当中，系统能保证在同一个有效的会话中实现"读己之所写"的一致性。也就是说，执行更新操作之后，客户端能够在同一个会话中始终读取到该数据项的最新值。会话一致性是读己之所写的延伸和扩展。例如，找回密码的操作分为很多步骤，每个步骤都依赖前一个步骤是否成功，所有前置步骤全部按照次序完成才允许修改密码。
- 单调读一致性（monotonic read consistency）。单调读一致性指的是：如果一个节点从系统中读取出一个数据项的某个值，那么系统对于该节点后续的任何数据访问都不应该返回更旧的值。例如，多机房间用户授权 token 的同步，只要一个新的 token 已通过数据同步存储下来了，后面允许存储的 token 就不应该比这个 token 更早。这样读取到的 token 一定是用户更新的授权信息。
- 单调写一致性（monotonic write consistency）。单调写一致性指的是：一个系统要能够保证来自同一个节点的写操作被顺序地执行。例如，用户多次修改订单信息，那么通过消息队列进行分发最终落地数据库修改时，需要保障用户的操作是按照时间先后顺序被执行的。基于 Kafka 的单分区可以保障数据有序，但是这种方式性能有限，也可考虑将每个信息都带上时间戳，再依据时间戳的先后顺序覆盖写入。

在实际业务系统中，这 5 种最终一致性方案往往是结合使用的，以构建一个基于多场景兼容的最终一致性系统。

5.2　数据存储层

数据存储层的高可用架构主要是指两个层面，从服务器层面来讲是双机架构，从数据层面来讲是数据多副本。

5.2.1　双机架构

一般将单机房场景下的两台服务器配合实现高可用称为双机架构。常见的双机架构有主备模式、主从模式和双主模式。

1．主备模式

主备模式是最简单的一种架构，有一个主数据库、一个备数据库。"备"代表备用，就是正常情况下一般不使用，只有在数据库出现故障时才启用。主备模式的架构如图 5-5 所示。

两个数据库提供数据存储服务，主数据库接收线上所有的读写请求，备数据库离线从主数据库实时拉取数据备份，一旦主数据库出现故障，会通过人工切换方式将业务请求转移到备数据库，主数据库下线，备数据库作为主数据库继续提供服务。

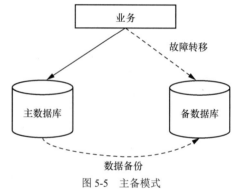

图 5-5　主备模式

这种模式的优点是实现非常简单，对外业务只需要感知主数据库地址，备数据库对业务透明，它只需要从主数据库同步数据。

在正常业务场景下备数据库不提供服务，这样就导致备数据库在资源层面上没有得到有效利用，数据库的性能特别是读取性能无法有效得到提升。另外备数据库的切换只能靠人工实现，提高了运维成本，降低了系统的可用性。虽然这种模式有这些缺点，但是一些业务处理量不大并且不是核心的系统仍然可以采取这种模式，例如学校的管理系统、OA 系统等。

2．主从模式

主从模式是在主备模式上的一个升级，它将正常场景下的备数据库提升为可用的从数据库，主从模式的架构如图 5-6 所示。

业务将写入及某些读取操作分发到主数据库，将另一部分读取操作分发到从数据库以缓解主数据库的读取压力，同时主数据库的任何改动都同步到从数据库。一般对于线上数据读写比较频繁的场景都可以采取此模式，这也是双机架构里使用较为广泛的一种模式。

这种模式解决了主备模式下的资源浪费问题，提升了线上读取数据的性能。但是这种模式的缺点也比较明显，即业务需要感知主从数据库，并且需要判断在什么场景下分发到哪个库进行读取，例如将写入后的数据立即读取出来判断，这时就需要到主数据库读取，而其他场景下可以直接到从数据库读取。这种模式的另一个缺点是当出现故障时仍然需要人工介入切换，为了解决人工切换的问题就需要引入一种双机自动切换的方案。

双机自动切换是指当主机出现故障时，另一台机器能够感知并自动切换为主机来提供服务，同时将原来的主机下线，这在主备以及主从模式下都适用，下面以主从模式为例来进行讲解。要实现自动切换的过程，关键是要探测到主机的故障状态，一般有以下两种方案来实现。

（1）双机互探模式：将主从两台机器进行连接来实现状态传递，一旦从机发现主机出现故障就将本机提升为主机来提供服务，它的架构如图 5-7 所示。

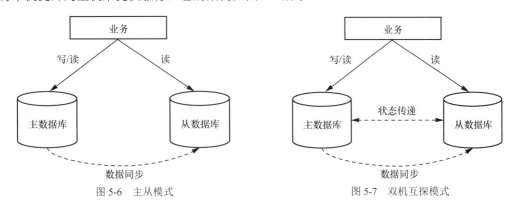

图 5-6　主从模式　　　　　　　　　　　图 5-7　双机互探模式

新加的状态传递可以包括丰富的信息，例如服务器的 I/O、CPU 负载、内存占用、连接数、磁盘占用等，但是这种模式需要额外进行较多的改造，以提取出这些信息。另一种较为简单的实现方式是去除状态传递实现，双机直接以数据库方式连接，例如从数据库直接连接到主数据库来探测一个表的读写情况，只要能正常响应就认为没有故障。

在双机互探模式下，两台服务器自行决定是否提升自己为主数据库，这样一旦出现中间状态传递连接的网络故障，两台服务器都会向业务报告将自己提升为主数据库，从而出现双主数据库，这时就出现了"脑裂"问题。为了解决这个问题，需要引入第三方探测模式。

（2）第三方探测模式：主从两台服务器仍然正常提供服务，它们之间不做任何状态传递，新添加一个第三方服务器进行状态探测，如图 5-8 所示。

通过第三方服务主动向主/从数据库进行状态探测，并对两者的状态进行判断进而选择出一台服务器提升为主数据库，这种模式使得状态的探测更为独立，不用耦合到主从数据库中处理。另外由于有第三方的介入，因此可以依据状态只选择一台主机提供服务，也就避免了前面提到的"脑裂"问题。第三方探测模式较为常见，例如 Redis 的哨兵模式的高可用就是这种方案的实现。

在自动切换功能实现上，探测是很重要的一点，除此之外，对于切换时机（达到指定失败次数就需要切换，什么情况下可以认为是一次探测失败）以及双机切换和恢复过程中出现的数据冲突等问题？都需要在数据同步过程中进行统一考虑设计。

3. 双主模式

最后一种是双主模式，两个数据库互为主从，都对外提供读写，当客户端在访问时可以以某一种策略来连接后端的两台服务器，它的架构如图 5-9 所示。

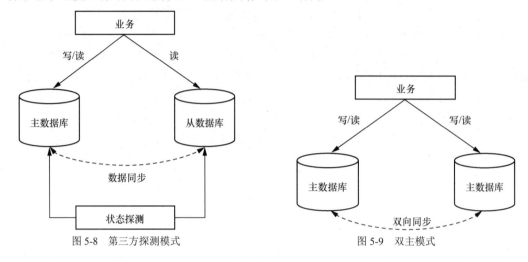

图 5-8 第三方探测模式　　　　　　图 5-9 双主模式

业务对后端任意数据库都可进行读写，这种模式最核心的问题在于数据库间的双向同步，很多数据库不支持，其典型问题就是数据双向同步中如何解决数据的循环复制问题，另外，数据复制的时延以及业务对数据时延的容忍度也是需要综合考量的。一般这种模式应用在对数据一致性不敏感的场景，用来提升数据读写性能，例如用户授权信息不一定需要完全一致，如果用户授权时发现授权数据过期或者不存在，只需要重新发起授权请求以获取最新的 token。

5.2.2 数据多副本

副本是分布式系统容错、提高可用性的基本手段，一般数据副本的基本策略以机器为单位，每个副本存储在不同的机器上，副本的数据保持完全一致，这种模式如图 5-10 所示。

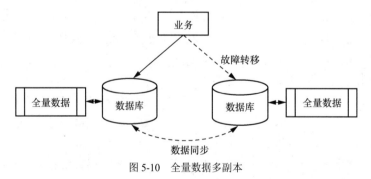

图 5-10 全量数据多副本

这种模式实现比较简单，所有的数据只需要多机器全量写入存储，但是在实际应用中会碰到如下一些问题。

- 数据恢复效率低。例如如果其中一台副本数据服务器出现故障，就会新上线一台服务器，它需要从线上某台服务器中复制所有数据进行恢复，特别是数据规模较大的时候，数据恢复需要较长时间，并且还会影响线上正常服务器的性能。

- 数据写入性能成为瓶颈。副本数据全部一致，这就要求写入数据的时候有一个主写入，所有数据都从这个主写入同步到其他副本数据集，这样即使是在集群下，数据的写入性能也会成为瓶颈。

针对以上问题，演变出一种基于数据分片的多副本存储模式，每个业务的数据先进行分片，每个分片的数据再采取多副本存储方式，如图 5-11 所示（以 3个节点为例）。

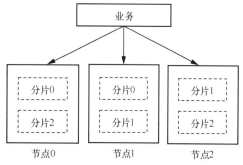

图 5-11　数据分片多副本

图 5-11 将数据分为 3 个分片，每个分片的数据存储 2 个副本，这样每个节点存储的是全量数据的一部分，在相同的数据副本量下随着节点增多，每个节点上存储的数据会减少，每个分片选举出一个主节点进行写入，再同步到其他副本集。这种优化后的分片模式具备以下几个优势。

- 数据写入性能好。由于每个数据进行了分片，每个分片数据都有一个主节点接收写入，因此分片数越多，原则上可以并行写入的性能就越好，因为可以分发到不同的节点进行写入，避免了单节点写入的瓶颈。

- 数据恢复效率高。如果一个节点出现故障，新加入的节点只需要复制故障节点上的数据，例如节点 1 出现故障，新加入的节点只需要复制分片 0 和分片 1，并且可以分别从节点 0 以及节点 2 复制，这样复制的数据量和复制的并行度都提高了，提升了数据恢复的效率。

- 扩容便捷。新增节点不用担心原集群的节点数量，只需要按照业务需求扩容，不过会出现不同节点上有数据倾斜的情况，如图 5-12 所示。

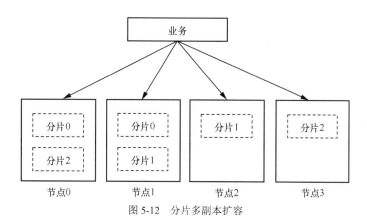

图 5-12　分片多副本扩容

添加的节点 3 只需要从节点 2 迁移分片 2 的数据，当然这只是一种比较简单的数据迁移策略，实践中有一些更为有效和复杂的数据迁移和分发策略，例如 Kafka 提供的基于范围、轮询及粘连分区策略。

在业务场景下的数据分片策略一般有如下几种。

（1）基于区域的数据分片。区域之间的数据保持独立，没有交集，不会或者很少有跨区域的数据联合查询，这种场景就很适合基于区域的数据分片，它的架构如图 5-13 所示。

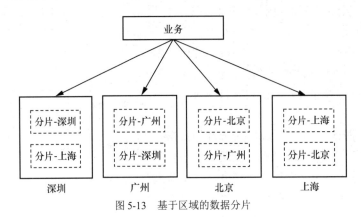

图 5-13 基于区域的数据分片

每个区域的数据单独成为一个节点，并且不同区域的数据在其他节点上做副本存储，例如本地化生活服务业务就可以采取这种模式。还有一种多机房的场景，华东机房存储华东区域的数据，华北机房存储华北机房的数据，双方同时异步在对方机房保存备份副本。

（2）基于用户 ID 的数据分片。通过用户 ID 来进行数据切分分片，这种模式应用得非常广泛，它的架构如图 5-14 所示。

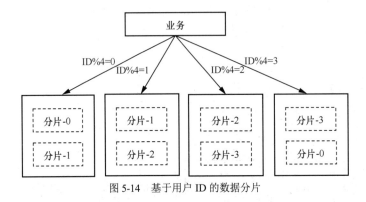

图 5-14 基于用户 ID 的数据分片

图 5-14 将用户数据切分为 4 个分片，每个用户 ID 对 4 取模，分发到对应的节点存储，同时每个节点的数据选择一个其他节点做副本存储。这种模式常应用在用户中心以及授权中心的信息存储场景。

（3）基于时间的数据分片。通过时间来切分数据并存储，例如一天的数据存储为一个文件，它的架构如图 5-15 所示。

按照时间顺序写入，当时间超过一定的期限之后另起分片存储，这种模式使用的典型场景就是日志记录，另外统计数据也经常采取这种方式存储，例如广告的点击数、展示数等。

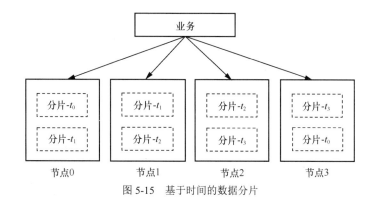

图 5-15 基于时间的数据分片

上面罗列了一些常见的业务数据分片策略，没有哪种策略是通用的，需要结合具体业务场景选择和优化。

数据采取了多副本存储，依据 CAP 理论就需要考虑数据一致性问题。一般有如下几种数据一致性实现方案。

（1）链式写入保障所有副本写入才返回，示意如图 5-16 所示。

这种模式只需要主节点复制一次数据到从节点，接下来从节点再链式地复制数据到下一层从节点，以期将对主节点的数据复制性能的影响降到最低，同时也可实现数据强一致性，但是整个复制链条的时间响应就变得很长，性能较差。

（2）主节点并行写入保障所有副本写入完成才返回，示意如图 5-17 所示。

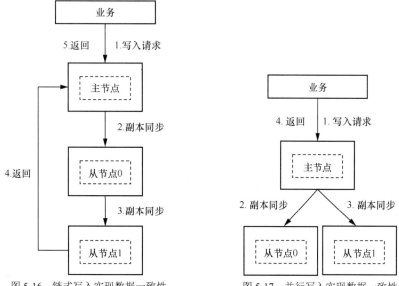

图 5-16 链式写入实现数据一致性　　　图 5-17 并行写入实现数据一致性

首先业务写入请求，主节点接收请求，本地节点先写入，这时不返回，再将数据同时分发到所有从节点进行写入，只有所有从节点的副本写入完成才返回业务方写入成功。这种模式也可实现数据的强一致性。这种模式的性能相对于链式复制的会更优一些，数据同步的性能取决于性能最差的从节点写入能力。例如 Kafka 的 ack 设置为−1 就是这种模式的实现。

（3）但是有些场景不一定需要这种强一致性同步，所以就可以考虑优化主节点写入即返回，所有从节点的副本数据再通过定时任务进行同步，这就是要介绍的第三种方式，如图 5-18 所示。

这种方式中主节点写入后就返回，其他从节点从主节点定时拉取数据同步，这样有效地提升了写入性能，但是存在定时拉取数据同步失败或者丢失的问题，在一致性上不如前两种模式。例如 Kafka 的 ack 设置为 1 就是这种模式的典型实现。

（4）由客户端并行写入多副本，这种模式需要在业务层实现，对业务侵入性比较大，示意如图 5-19 所示。

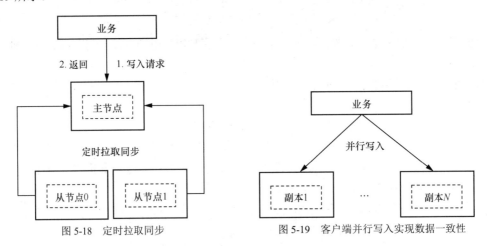

图 5-18　定时拉取同步　　　　　　图 5-19　客户端并行写入实现数据一致性

在这种模式下，所有数据只要有多副本则需要全部写入，写入完成才返回，这样会影响业务端的写入性能，一般来说在数据库扩容场景下，为了防止扩容失败，数据需要回档处理，会短暂采取这种模式实现。

5.3　业务逻辑层

要实现业务逻辑层的高可用性，我们首先需要了解服务的无状态化处理，在此基础上，本节将介绍服务治理、服务降级、服务限流等方案在高可用性方面的详细应用。

5.3.1　有状态和无状态

如果一个业务逻辑层通过单实例进行数据状态维护，对于新增的服务需要额外的状态迁移才能实现状态的一致性，那么这种模式称为有状态服务。反之，如果一个业务逻辑层的数据状态通过公共化存储以达到任意服务器的增加都可以实现状态的无缝迁移，就可以称为无状态服务。

有状态服务和无状态服务的架构对比如图 5-20 所示。

通过图 5-20 的对比可以看出有状态服务和无状态服务的特点。

有状态服务有以下几个特点。

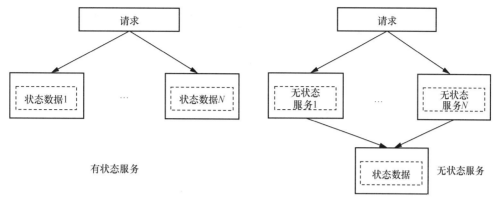

图 5-20　有状态服务和无状态服务的架构对比

- 服务本身依赖或者需要存储状态数据，如果出现故障只能通过其他备份的状态数据进行恢复。
- 一个请求只会被某个节点处理。
- 如果单节点出现故障，则需要进行状态数据迁移。
- 由于存在多节点的数据存储，因此需要考虑数据一致性的问题。

无状态服务有以下几个特点。

- 服务不依赖自身状态，状态数据存储在公共化存储服务中。
- 任何一个请求都可以被任何一个节点处理。
- 服务要实现高可用以及水平扩展无须额外操作。

从这些特点可以看出无状态服务是系统实现高可用的基础，那么可以通过哪些方法将有状态服务转换为无状态服务呢？

（1）状态数据同步。这种方式是将不同实例存储的状态数据同步，以达到多实例状态一致，如图 5-21 所示。

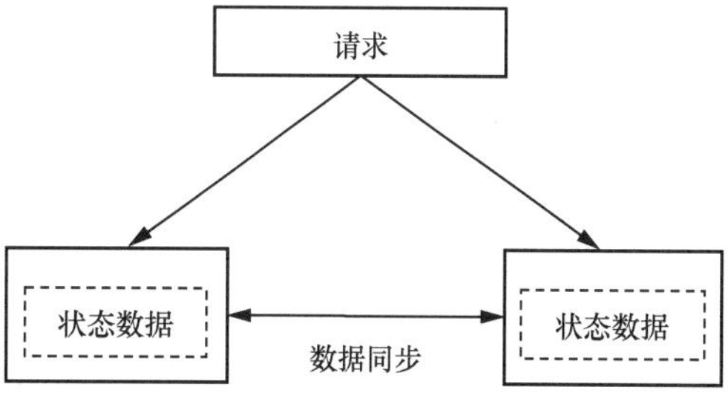

每个实例仍然自行处理自有的状态数据，通过异步或者同步的方式将新增或者修改的状态数据同步到其他实例。这种模式有如下几个缺点。

图 5-21　状态数据同步

- 对业务逻辑具有侵入性，所以需要在每个实例中嵌入状态数据同步逻辑。
- 由于状态数据是需要网络传输的，因此存在数据延迟以及网络资源额外占用的情况。
- 如果存在多个实例，那么会造成数据复制风暴。

（2）状态统一存储。这种方式将不同实例的数据统一存储到公共服务中，保障了数据状态的一致性，如图 5-22 所示。

这种模式的典型实现就是分布式 session 方案，例如基于 Redis 或者 Memcache 进行 session 缓存，每个实例获取的状态信息都通过 sessionID 到缓存中获取对应 session 信息。

状态统一存储是一种比较广泛的有状态服务向无状态服务转换的实现方案，那么统一存储的高可用实现方案又怎么实现呢？如图 5-23 所示。

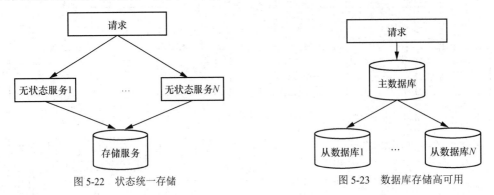

图 5-22 状态统一存储   图 5-23 数据库存储高可用

数据通过主从数据库多副本存储，并且通过一个主数据库写入，再将数据同步到从数据库，如果主数据库出现故障，则通过分布式选举机制选出新的主数据库，常见的分布式选举机制用到的算法包括 Paxos、Raft、Bully 等。

5.3.2 服务治理

在第 2 章中讲解了系统从单体架构到服务网格架构的各种模式，随着架构的不断演进，服务之间的依赖关系变得越来越复杂，系统的处理模块也变得越来越多。单体架构和微服务架构的对比如图 5-24 所示。

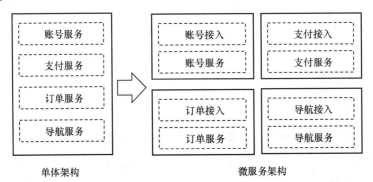

图 5-24 单体架构和微服务架构对比

虽然微服务架构的模块之间实现了解耦，但是功能之间的调用并没有减少，这样基于每个模块的可用性及运维的考虑，如下问题就变得非常突出。

- 服务的管控、降级及限流，以保障核心业务的可用以及避免产生业务链雪崩。
- 服务的配置动态注入及拉取，以保障流量的合理分发以及功能模块的可用。
- 每个模块的调用关系链路追踪，以保障模块的性能和可用性的可视化监控。
- 日志的收集和处理，对日志进行分析，以达到自动化甚至智能化运维。
- 数据的重试及一致性处理。

而解决这些问题的典型做法就是引入服务治理，典型的服务治理功能如图 5-25 所示。

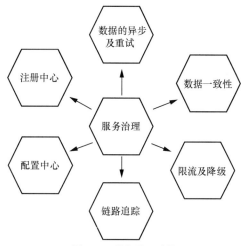

图 5-25 服务治理功能

服务治理的核心功能是提升服务的可用性及运维的效率，服务治理中每个功能模块的说明如下。

- 注册中心：服务的注册和发现、服务的健康检查、远程调用方法的元数据存储，以及服务数据的动态更新和上报，例如注册服务的 IP 地址和端口等。
- 配置中心：实现系统配置的多环境（例如开发环境、生产环境）的管理、配置的不同版本的可视化管理、配置的动态感知及下发、配置的动态实时生效，例如一个模块出现故障需要降级处理，可在配置中心设置一个开关，只要打开开关，系统的逻辑就可自动实现降级。
- 链路追踪：实现服务之间的调用以及一个请求的全链路追踪，这样可以对每个模块处理的时延以及功能是否正常做到可视化监控。
- 限流及降级：如果外部请求过多，从而超过系统处理负载的能力，则需要将服务接收的请求进行限流或者降级，以保障一部分功能或者请求正常处理，避免系统服务的宕机，从而保障系统可用性。
- 数据一致性：实现数据的幂等性操作、对账控制处理等。
- 数据的异步及重试：当请求调用处理失败时，需要提供重试或者异步化操作的应对方法，但是不能阻塞当前业务的处理，一旦阻塞处理就会出现大量请求积压，最后导致系统宕机。

服务治理在很多公司都作为核心中间件来使用，例如阿里的 Dubbo、腾讯的 Tars、新浪的 Motan，以及 Google、IBM 和 Lyft 联合开源的 Istio。对于这些服务治理框架的具体使用方法，有的前面已经介绍过，此处不再赘述，如果读者感兴趣，也可以查找相关资料进一步了解。

5.3.3 服务降级

服务降级主要是指当服务负载过高或者出现故障时，将一些非核心业务或者故障业务进行移除或者暂不处理，为其他业务留出处理资源。一般来说，在一个系统中服务降级的流程包含服务接入层、服务处理层、数据访问层和网络传输层。服务接入层一般都由 Nginx 控制（例如流量桶控制），称为限流，这部分内容放到 5.3.4 节介绍，本节主要介绍其余 3 层降级实现方案。

1. 服务层降级

随着业务的发展，架构朝着微服务架构演进，每个业务功能都会抽象成一个服务，这些服务中只要出现一个故障就会导致调用方链式阻塞，这时就需要给服务层降级来保障各个服务间的调用依赖不出现这类问题。

这里介绍基于 Hystrix 的一个典型场景的降级使用。例如一个商品详情服务需要调用商品、价格及商品评论 3 个服务，当其中一个服务出现故障时，没有使用服务降级的演变过程就如图 5-26 所示。

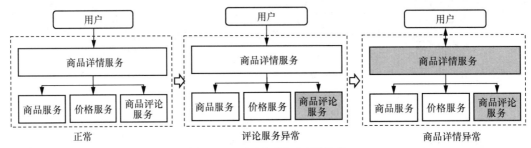

图 5-26　没有服务降级的系统演变

商品详情服务需要调用 3 个服务，即商品、价格和商品评论，假设评论服务由于异常无法响应或者响应延迟，商品详情服务就会等待，如果是热点商品就会导致请求积压，最后导致商品详情服务无法响应，从而出现异常。

此时就可以使用 Hystrix 来进行隔离或者熔断降级处理，隔离模式是通过线程隔离，还是以上面的业务流程为例，如图 5-27 所示。

Hystrix 通过给每个依赖服务分配独立的线程池进行资源隔离，从而避免服务链式异常。当商品评论服务不可用时，商品详情服务独立分配的 10 个调用商品评论服务的线程全部处于同步等待状态，不会影响其他依赖服务的调用，从而保障了商品详情服务的可用性。

Hystrix 的另一种降级实现是熔断模式，如图 5-28 所示。

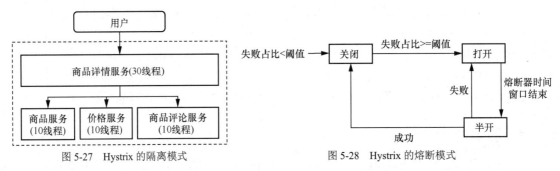

图 5-27　Hystrix 的隔离模式　　　　　　　图 5-28　Hystrix 的熔断模式

熔断模式是依据服务失败占比来判断开关的状态的，服务失败占比定义如下。

$$服务失败占比 = 请求失败数 / 请求总数$$

熔断器开关由关闭到打开的状态切换是通过比较当前服务失败占比和设定阈值实现的。

当熔断器开关关闭时，请求被允许通过熔断器。如果当前服务失败占比小于设定阈值，则开关继续保持关闭状态；如果当前服务失败占比大于设定阈值，则开关切换为打开状态。

当熔断器开关打开时，请求被禁止通过熔断器。

如果熔断器开关处于打开状态，经过一段熔断器时间窗口后，熔断器会自动进入半开状态，这时熔断器只允许一个请求通过。当该请求调用成功时，熔断器恢复到关闭状态；若该请求调用失败，熔断器继续保持打开状态，接下来的请求被禁止通过。

熔断器的开关能保证服务调用者在服务调用异常时快速返回结果，避免大量的同步等待；并且熔断器能在一段时间后继续监测请求执行结果，以提供恢复服务调用的可能。

这里基于 HystrixCommand 来介绍上面商品详情服务的一个实现逻辑，如代码清单 5-1 所示。

代码清单 5-1　Hystrix 的隔离和熔断模式实例

```
1.    public class CommentServiceHystrixCommand extends HystrixCommand<Response> {
2.      private CommentService service;
3.      private Request request;
4.
5.      public Service1HystrixCommand(CommentService service, Request request){
6.        supper(
7.          Setter.withGroupKey(HystrixCommandGroupKey.Factory.asKey("ServiceGroup"))
8.            .andCommandKey(HystrixCommandKey.Factory.asKey("CommentServicequery"))
9.            .andThreadPoolKey(HystrixThreadPoolKey.Factory.asKey
                ("CommentServiceThreadPool"))
10.           .andThreadPoolPropertiesDefaults(HystrixThreadPoolProperties.Setter()
11.             .withCoreSize(20))//服务线程池数量
12.           .andCommandPropertiesDefaults(HystrixCommandProperties.Setter()
13.           .withCircuitBreakerErrorThresholdPercentage(60)//熔断器关闭到打开的阈值
14.           .withCircuitBreakerSleepWindowInMilliseconds(3000)//熔断器打开到关闭的
                                                                //时间窗口
15.         ))
16.        this.service = service;
17.        this.request = request;
18.      );
19.    }
20.    //业务正常访问
21.    @Override
22.    protected Response run(){
23.      return service.call(request);
24.    }
25.    //业务降级返回
26.    @Override
27.    protected Response getFallback(){
28.      return Response.dummy();
29.    }
30. }
```

使用 Command 模式构建了服务对象之后，服务便拥有了熔断器和线程池隔离的功能。整个服务的框架如图 5-29 所示。

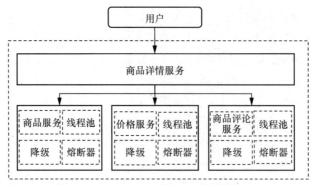

图 5-29 基于 Hystrix 的隔离和熔断模式架构

基于 Hystrix 的隔离及熔断流程如下。

（1）构建 Hystrix 的 Command 对象，调用执行方法。

（2）Hystrix 检查当前服务的熔断器开关是否打开，若打开，则执行服务降级 getFallback()方法。

（3）若熔断器开关关闭，则 Hystrix 检查当前服务的线程池是否能接收新的请求，若线程池已满，则执行服务降级 getFallback()方法。

（4）若线程池接收请求，则 Hystrix 开始执行服务调用的具体逻辑 run()方法。

（5）若服务执行失败，则执行服务降级 getFallback()方法，并将执行结果上报 Metrics 更新服务健康状态。

（6）若服务执行超时，则执行服务降级 getFallback()方法，并将执行结果上报 Metrics 更新服务健康状态。

（7）若服务执行成功，则返回正常结果。

（8）若服务降级方法 getFallback()执行成功，则返回降级结果。

（9）若服务降级方法 getFallback()执行失败，则抛出异常。

2. 数据层降级

数据层降级一般是指数据的读写降级，例如数据库迁移或者变更场景以及读写数据库压力过大的临时处理场景都会用到此服务。我们仍然以商品详情页面来分析，假设商品的评论表迁移，在实施过程中不希望有新的数据写入，但是仍然希望保障用户的使用连贯性，对于评论仍然可以正常读取查看。

这个实现可以通过配置中心动态配置完成，数据层依据配置动态调整逻辑分支，例如降级后所有的写操作就执行另一个分支，返回"系统维护中，暂无法处理"的提示，但是此模式就需要在所有数据层上添加一层降级处理，这样做对业务侵入很深。那么怎么处理会更好呢？这里介绍一种基于 Spring 的热加载方案来实现动态切换，Spring 的 HotSwappableTargetSource 可以实时动态修改业务实现 Bean，这样只需要保证之前的业务接口不变，重新实现一个服务降级即可。假设商品评论接口的代码如代码清单 5-2 所示。

代码清单 5-2 商品评论接口

```
1.    public interface CommentService {
2.      public get(String id);
```

```
3.    public write(String id, String comment)
4.    }
```

业务正常的场景下，商品评论服务实现如代码清单 5-3 所示。

代码清单 5-3　商品评论服务实现

```
1.    public CommentServiceImpl implements CommentService {
2.      public get(String id){
3.        //获取评论信息
4.      }
5.      public write(String id, String comment){
6.        //写入评论信息
7.      }
8.    }
```

这时再在商品评论接口的基础上实现一个商品评论服务降级的实现，如代码清单 5-4 所示。

代码清单 5-4　商品评论服务降级实现

```
1.    public CommentServiceDegradationImpl implements CommentService {
2.      public get(String id){
3.        //获取评论信息
4.      }
5.      public write(String id, String comment){
6.        throw new DegradationException("系统维护中，暂无法处理");
7.      }
8.    }
```

接下来就可以配置 HotSwappableTargetSource 的降级类切换功能了，如代码清单 5-5 所示。

代码清单 5-5　HotSwappableTargetSource 降级切换配置

```
1.    <bean id="CommentService"
2.        class="org.frame.base.annotation.support.EhCacheFactoryBean" init-
      method="init">
3.        <property name="targetSource">
4.          <ref bean = "targetSource"/>
5.        </property>
6.    </bean>
7.    <!-- 默认配置 -->
8.    <bean id="targetSource" class="org.springframework.aop.target.
      HotSwappableTargetSource" autowire="constructor" >
9.    <constructor-arg>
10.       <ref bean="commentServiceImpl"/>
11.   </constructor-arg>
12.   <bean id="commentServiceImpl"
13.       class="com.test.CommentServiceImpl" />
14.   <bean id="commentServiceDegradationImpl "
15.       class="com.test.CommentServiceDegradationImpl " />
16.   </bean>
```

当系统出现故障需要降级的时候，通过配置中心动态下发降级指令，并感知切换指令实施切换，实现代码如代码清单 5-6 所示。

代码清单 5-6 商品评价降级实时切换

```
1.    HotSwappableTargetSource targetSource = (HotSwappableTargetSource) ctx
2.              .getBean("targetSource");
3.        CommentService commentService = (CommentService) ctx.getBean
      ("commentServiceDegradationImpl");
4.        targetSource.swap(commentService);
```

这样商品评论服务在数据层的一个完整降级功能就实现了。

3. 网络层降级

网络层降级在这里主要是指多机房间专线的流量降级。多机房间专线是核心资源，几乎业务的所有数据都有可能会通过专线进行传输，实现数据的双向或者单向流转，那么当带宽出现波峰的时候自然就需要将某些不重要的业务进行降级或者流量控制，它的通用架构如图 5-30 所示。

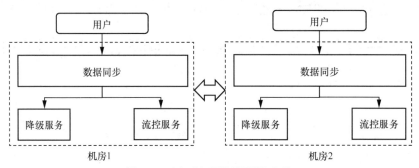

图 5-30 多机房间网络流量降级架构

网络层降级分为两种，一种是完全暂停服务，不再占用带宽；另一种是通过令牌桶或者流量桶提供流控服务，降低带宽占用。第一种暂停服务可以通过配置中心实时下发指令，启动业务的服务降级，停止机房间的流量和数据同步；第二种降低带宽可使用令牌桶或者流量桶，这就是接下来要讲的服务限流。

5.3.4 服务限流

限流是降级的一种轻量级表现形式，它的目的和降级一样，也是当请求流量过大时保护后端服务的可用性。一般来说服务限流有如下几种实现方案：流量精准管控、流量整形和流量分类接入。下面逐一讲解。

1. 流量精准管控

流量精准管控是指使用一定的计数方法使得单位时间内处理的请求在指定的数值范围之内，以达到控制流量的目的，一般来说这种计数方法有如下 3 种。

（1）计数器模式。计数器模式是最容易实现的一种，它的实现方式是当需要保护的逻辑或者业务进入时做一次计数器递增，处理完之后再递减一次。每次请求进入时都需要先判断当前值是否超过指定的阈值，如果超过则做拒绝或者排队处理。例如 Java 并发包中提供的 AtomicInteger 就可以实现此功能，如代码清单 5-7 所示。

代码清单 5-7　AtomicInteger 实现计数

```
1.    public class AtomicIntegerRateLimit{
2.    Private static AtomicInteger count = new AtomicInteger(0);
3.    public void process(){
4.      if(count.get()>=100){
5.        //限流场景下的拒绝或者重新放入队列处理
6.      }else{
7.        //计数器递增
8.        count.incrementAndGet();
9.        //业务逻辑处理
10.       processModule()
11.       //计数器递减
12.       count.decrementAndGet();
13.      }
14.    }
15.  }
```

这种方式有一个缺点，那就是不好做时间范围内的控制，例如 1 分钟内超过指定阈值则限流。要实现这种功能，可采取 Redis 的原子操作 INCR 配合失效时间来实现。在首次进入服务模块的时候先对 Redis 指定的限流键执行 INCR，并设置失效时间，例如上面所说的 1 分钟，然后每次进入时都操作一次 INCR 并获取其当前值，如果超过指定的阈值则拒绝或者放入队列排队处理。

（2）漏桶。漏桶算法是一种使用非常广泛的限流算法，它的实现如图 5-31 所示。

它的实现流程包括如下几个步骤。

- 定义一个桶的最大容量。
- 如果当前桶的容量已满，则拒绝处理请求。
- 如果当前桶的容量还未满，则将请求加入漏桶中，对加入的速率不做控制。
- 定义一个固定的速率流出，实现流量输出均衡。

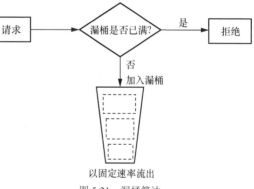

图 5-31　漏桶算法

Nginx 提供的请求速率限制模块就是采用了漏桶算法实现的，有如下两个设置。

- limit_req_zone：限制单位时间内的请求数，也就是速率限制。
- limit_req_conn：限制同一时间的连接数，也就是并发数限制。

另外 redis-cell 也提供了基于漏桶算法的限流实现，使用也比较简单，如代码清单 5-8 所示。

代码清单 5-8　redis-cell 实现漏桶限流

```
1.    > cl.throttle rate_limit_key 20 30 60 2
```

代码中的各个元素的含义如下。

- rate_limit_key：限流的标识键。
- 20：漏桶的容量。
- 30/60：指定时间 60 秒内允许的操作数量，就是每秒的速率。

- 2：每次获取两个操作，默认是 1。

漏桶算法适用于流量整形处理，即不管输入的流量有多大都以一个固定的流量输出，以实现流量的削峰和填谷。

（3）令牌桶。令牌桶算法也有一个固定容量的桶，并且均匀地向桶中注入令牌，每次业务请求过来先从桶中获取令牌，能获取到令牌则可正常处理，没有获取到令牌则拒绝或者加入队列重试处理，它的示意如图 5-32 所示。

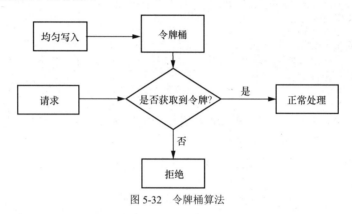

图 5-32　令牌桶算法

令牌桶算法考虑到业务的高并发处理和实时性的需要，允许突发流量峰值，将时效响应指标放在首位。

令牌桶可以在运行时控制和调整数据处理的速率，处理某一时刻的突发流量。增加发放令牌的频率可以提升整体数据处理的速度，而增加每次获取令牌的个数或者降低令牌的发放频率可以降低整体数据的处理速度。而漏桶却不行，因为它的流出速率是固定的，数据处理速度也是固定的。应用场景各有侧重。

2．流量整形

流量整形是将流量尽量均匀化处理，避免高峰时资源不足、低谷时又有大量的资源浪费的情况。举两个典型的例子来阐述流量整形的过程。

（1）抢购场景：例如网络购票系统，每次请求都先进来，但是按照先后顺序排队进行购票，这里接入的请求就可以放入队列中，等待后端处理，避免流量大量涌进后端，以至于出现系统处理不过来的问题。它的示意如图 5-33 所示。

图 5-33　抢购队列整形

这种模式是典型的削峰整形处理，当请求变少的时候就按照正常流量处理。而下面就是一个同时实现削峰和填谷的例子。

（2）日志处理场景：服务器的日志量依据业务量的变化会动态变化，但由于后端日志分析系统的紧急程度没有业务高，因此一般来说投入的资源也会有限。如何既能实现高峰处理，又能在低谷数据处理时资源不至于过于空闲呢？同样可采取队列进行流量整形，如图 5-34 所示。

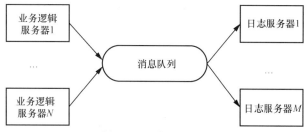

图 5-34 日志处理整形

业务逻辑服务器的日志实时拉取写入消息队列，下游的日志服务器对消息队列中的日志进行拉取分析处理，高峰时消息队列作为数据缓存，等待日志服务器的处理，这时消息队列中会有一定的数据积压，例如一些服务在早高峰时访问量就很大，同样业务日志数量也会很大，也会出现这个情况。但是当业务在凌晨的时候一般访问量比较少，这时日志数量也会比较少，这样在高峰期积压的日志数据在这时就可以处理。这就整体实现了流量的波峰和波谷的整形处理。

3. 流量分类接入

流量分类是指将流量按照一定的属性进行优先接入的策略，这种属性可以包括用户角色的类型以及用户的地域属性等。这样保障了一些核心用户优先获取服务响应，对于其他用户通过排队延迟处理甚至拒绝服务的方式来实现流量限制。例如，一些线下门店在线上做导流投放优惠券广告，如果流量很大可以采取优先接入有门店区域的用户参与，实现核心用户的优先导入，将优惠券活动的价值最大化。另外在 LBS 的业务中也存在类似场景。

5.4 多机房架构

业务多机房部署现在已比较常见，相比于多机房，在单机房场景下部署更为简单，系统的实现也无须像多机房那么复杂，那么为什么还需要推行多机房架构呢？有以下几个方面的原因。

（1）扩展：单机房场景下如果需要扩展机架服务，往往需要提前一段时间向机房运营商申请资源，但是在秒杀抢购场景下有时很难预估峰值请求量，如果需要实时动态扩容就显得比较困难，而多机房下可以依据用户进行分流处理。

（2）容灾：单机房场景下如果出现系统或者网络故障等，服务就无法得到可靠的保障，系统的可用性就会大打折扣。

（3）系统性能：单机房场景下用户只能接入一个机房，实现多机房后用户就可就近接入，从而提升用户请求的相应性能。

5.4.1 多机房的几种架构

一般来说，多机房将一个系统进行了网络分区，依据 CAP 理论，就需要考虑系统可用性和数据一致性的问题。前面讲到多机房的一个很重要的功能就是提升系统可用性,那么数据的一致性问题就成为多机房架构下需要重点关注的问题。按照数据的读写特性,多机房的架构可以分为如下 4 类:跨机房写、消息队列写、双向写以及用户切分,下面分别阐述这 4 种模式。

1. 跨机房写

跨机房写是一种比较典型的主从机房实现方案,和单机房场景下的主从数据库的部署模式类似,它的架构如图 5-35 所示。

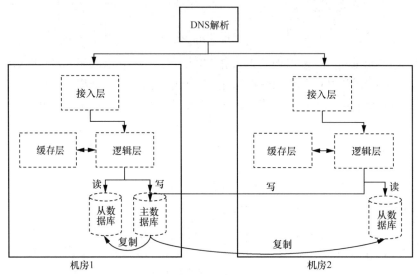

图 5-35 跨机房写架构

通过 DNS 解析将不同区域的用户分发到指定机房,流量上没有主从之分,但是从读写角度来看机房已分为主从机房,如图 5-35 的机房 1 是主机房,负责数据的写入和读取,而机房 2 则是从机房,只负责数据的读取,从机房的写需要将数据通过机房间专线写入主机房的主数据库。这种场景天然需要在从数据库层支持读写分离,这在 4.3.1 节也提到过。多机房的数据同步采取数据库的主从复制实现即可。

跨机房写的优势很明显,实现比较简单,在数据库层实现读写分离,业务只要配置读写数据库连接就可实现多机房部署。由于数据在从机房是通过机房专线直接写入主机房,业务对机房专线依赖较大,因此适合读多写少的场景,例如用户中心、资讯内容服务等。

跨机房写的场景下如何实现容灾呢?

场景一:主机房不可用,切换到从机房。

主机房 1 出现故障,机房 2 升级为主机房,同时机房 2 的数据库也升级为主数据库,对数据库的复制方向进行调整,所有数据向机房 2 写入,而数据的读取仍然保留在本地机房,之前出现故障的主机房恢复后重新切换数据同步方向,恢复到图 5-35 所示的样子。在这个数据库同步切换过程中会有一部分数据丢失,对于这个客观问题无法补救,只能尽量减少丢失。

场景二:从机房不可用,切换到主机房。

这种场景下比较简单，无须太多数据层的操作，只需要 DNS 解析切换流量到主机房。由于不存在数据库同步方向的切换，因此原则上数据不会丢失。

2. 消息队列写

消息队列写解决了跨机房直接写场景下网络不稳定带来的业务可用性降低的问题，它的架构如图 5-36 所示。

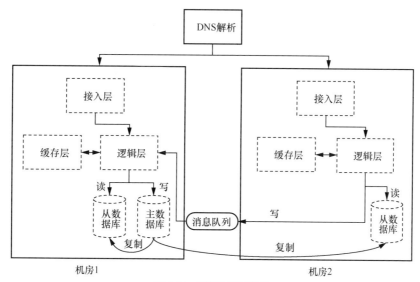

图 5-36 消息队列写架构

这个架构和跨机房写的架构很相似，只是在从机房写入的时候不是跨机房直接写入，而是采取了先写入消息队列，再依靠消息队列将数据传输到主机房，写入是在本地完成的，避免了跨机房的网络抖动带来的写入故障问题，同时也提升了系统在从机房的写入性能。在主机房仍然是在逻辑层对消息队列的数据进行接收，再将数据写入主机房的主数据库中。由于写入采取了消息队列，因此这种模式可以适用于更广泛的场景，包括读多写少、读写均衡，以及对于数据实时性不敏感的写多读少业务，例如本地生活、数据备份存储等。

消息队列写的场景下如何实现容灾呢？

场景一：主机房不可用，切换到从机房。

这种模式同样也需要对数据库的同步方向进行切换，和跨机房直接写的操作步骤一样，除此之外还需要在逻辑层支持本地向消息队列写和本地数据库写的动态切换。例如这种场景下从机房在切换前将数据写入消息队列，切换后需要将数据直接写入本地数据库。

场景二：从机房不可用，切换到主机房。

这种场景和跨机房直接写的场景二一致，只需要 DNS 解析切换流量到主机房。

3. 双向写

双向写模式下每个机房都有本地化的读写数据库，本地数据通过消息队列进行双向同步修改，其架构如图 5-37 所示。

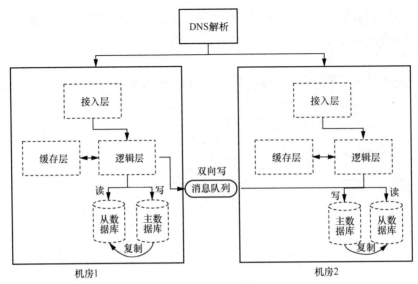

图 5-37 双向写架构

这种模式已经具有双活的形态了，每个机房都可以独立地进行读写，本地通过主从数据库进行同步，如果本地有新增或修改数据，都通过消息队列进行同步更新，如图 5-37 中的双向写所示。数据的双向同步实现方案有多种，图 5-37 只是展示了基于逻辑层嵌入双写的一种方式，但是这种方式对逻辑层的侵入较大。另一种方式可基于数据库的日志 binlog 解析进行同步，可有效解决对逻辑层的侵入问题，其架构如图 5-38 所示。

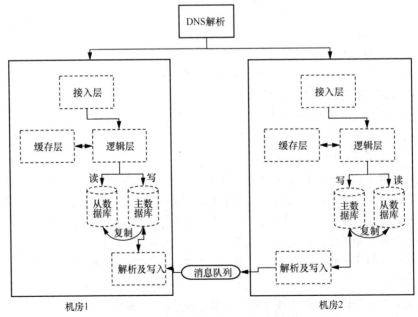

图 5-38 数据库日志解析双向同步架构

独立出一个数据同步组件，以实现解析数据库的 binlog，并通过消息队列写入进行双向同步，这里需要注意数据循环复制的问题，例如解析的数据库日志加上机房的标识，再写入消息队列进行同步，当另一个机房消费数据时先判断数据是否是本地机房的，如果不是才写入本地数据库。

双向写的模式主要适合写比较多的业务场景，如微博回复、社区互动等。

双向写的场景下如何实现容灾呢？

双向写对外呈现来看已实现机房的读写独立，并且用户在访问数据时已实现同步，所以任何一个机房出现故障时通过 DNS 解析直接切换流量到另一个机房即可。

4. 用户切分

用户切分就是依据用户的一些属性（如地理位置或者 ID），将用户请求固定分发到不同的机房进行访问，从而实现多机房的数据存储，它的架构如图 5-39 所示。

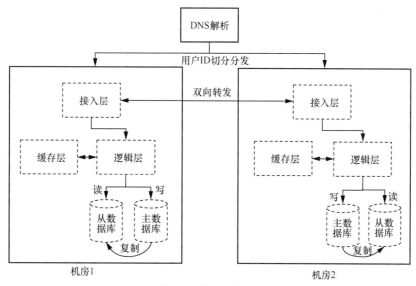

图 5-39 用户切分架构

图 5-39 这种模式依据用户 ID 进行流量切分，将用户请求固定分发到一个机房，如果发现该用户不属于本机房，则通过机房间的专线强制转发到用户所在的机房进行处理，如图 5-39 的双向转发所示。每个机房的数据独立，所有机房的数据合集构成全网用户数据。但是如果其中一个机房由于接入层或者系统其他模块处理出现故障，当切换流量时就会出现一些问题，例如用户 A 之前是分发到机房 1 处理的，但是机房 1 的接入层出现了故障，需要将用户 A 切换到机房 2 处理，这时机房 2 在接入层发现用户 A 只能交付给机房 1 处理，所以仍然强制转发给机房 1 的接入层，用户 A 的请求仍然无法得到有效响应。那么如何来解决这个问题呢？可以参考图 5-38 引入数据库的双向同步组件，如图 5-40 所示。

正常访问场景下按照用户切分进行本地访问，并且引入数据库双向同步组件进行数据同步，当其中一个机房出现故障的时候，直接将流量切换到另一个机房，并且设置服务流量切换标志，接入层如果发现这个标志则不会强制转发用户到指定机房，而是通过本地机房的数据库访问。由于在正常场景下用户的数据已实现同步，因此切换到另一个机房也可以访问该用户的数据，不过视数据同步的效率会存在数据短暂不一致的问题。这种架构模式比较适合数据备份、用户授权以及本地生活服务等场景。

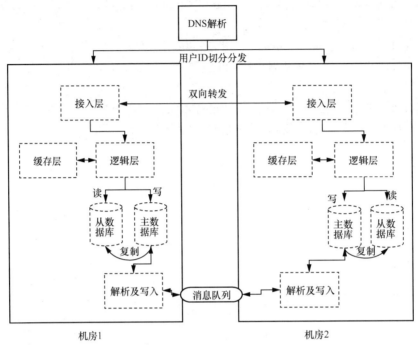

图 5-40   用户切分并引入数据双向同步架构

5.4.2   多机房多活架构

多机房多活架构是指多区域机房中的任何一个系统都能提供标准化服务，这种标准化服务主要包含如下两个方面。

- 正常场景下，用户无论访问哪个区域的业务系统都应该得到正确的响应结果。
- 机房异常时，即如果其中任何一个机房出现故障，将用户迁移到其他机房访问能够得到正确的响应结果。

按照地理位置的划分，多活架构可以分为同城多机房模式、跨城多机房模式和跨国多机房模式 3 种模式。下面分别对这几种模式进行介绍。

1. 同城多机房模式

同城多机房指的是将业务部署在同一城市不同区域的多个机房。例如，在广州部署两个机房，一个机房在番禺区，另一个在南沙区，然后将两个机房用专用的高速网络连接在一起。同城异区一般有如下几个特点。

- 时延较小：由于地理位置比较近，因此时延一般控制在 10ms 以内。
- 基础网络设施：基于同城的网络性能考量需要搭建高速的专用网络。

- 故障容灾：无法应对极端的故障容灾，例如地震、台风等，但可以应对接入网络或者系统模块故障。

这种模式一般比较适合对数据一致性要求很高的场景，例如支付系统。

2. 跨城多机房模式

跨城多机房是将机房部署在相距较远的多个城市，例如一个部署在广州，另一个部署在北京，这样主要考虑解决同城区域下大灾难、停电等故障引起的系统瘫痪问题。跨城异地一般有如下几个特点。

- 网络环境复杂：由于长距离的传输，网络环境复杂，因此网络时延就不确定，一般来说时延范围在 50ms 到 1s 甚至更高。另外，骨干网故障、光纤挖断都是潜在的网络环境故障问题。

- 机房间的专用网络成本增加：由于距离加长，因此搭建的专用网络的复杂度以及成本都会变高。

- 数据不一致：由于时延的增大，数据一定会存在不一致，因此系统需要解决数据短暂不一致场景下的可用性问题。

这种模式一般不太适合数据一致性要求很高的场景，比较适合容忍数据最终一致或者数据变更不是很频繁的场景，例如用户登录、本地生活类以及资讯类系统。

3. 跨国多机房模式

跨国多机房相对于跨城多机房在距离上已经长了很多，一般的网络时延会达到几秒，这种时延下如果和跨城异地的架构模式一样的话就会让用户的体验非常差，所以一般来说跨国异地机房主要应对如下几个业务场景。

- 分类接入服务，为不同国家区域的用户进行分类接入，例如中国区域和欧洲区域的用户访问系统是不同的，并且接入本区域的机房服务，原则上用户在系统层面也不互通。

- 读取服务，全球数据保持同步，即使存在时延也不会造成较大影响的场景。

4. 3 种多机房模式的差异

这 3 种多机房模式在业务设计上的关注点有些差异，分别如下。

- 同城多机房模式：机房的时延比较小，可以和同机房下的设计方法相同，例如数据库的读写分离设计，几乎可以不用考虑数据的时延造成的额外补偿。

- 跨城多机房模式：时延已经比较大，并且足以造成业务上数据的不一致性，所以需要依据同步的业务场景考虑是否可以跨机房直接写入数据库，数据同步是采取异步还是同步双写，这种场景下数据一致性的问题成为关注的重点。

- 跨国多机房模式：关注的是为不同区域的用户独立提供服务，相对来说比较独立和隔离，无须额外做过多的架构考量。

从上面 3 种模式的特点可以看出，从系统适用的范围以及容灾的有效性层面来看，跨城多机房场景下的多活架构使用得更为广泛。图 5-38 至图 5-40 描述了多活架构的两种典型场景，这里再抽象出一个多活的整体架构，如图 5-41 所示。

- 流量分发：负责对外用户请求的流量负载均衡及故障场景下的导流分发，在 5.4.3 节会详细介绍其实现方案。

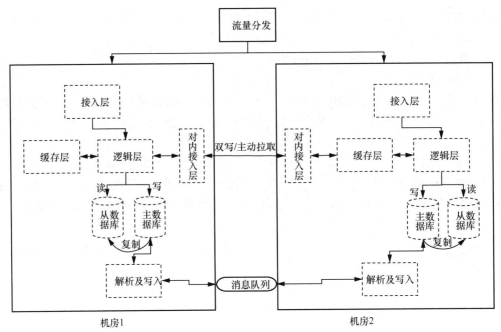

图 5-41 多机房多活典型架构

- 数据同步：上面提到了多活架构中数据一致性是非常核心的架构环节，如何实现数据同步，一般来说有下面几种方案。
  - 消息队列：分为两种场景，一种是通过用户逻辑层进行双写，一份写入本地，另一份写入消息队列同步到其他机房；另一种是写入本地后通过数据库的 binlog 进行解析同步。后者对业务更具透明性，不过需要处理数据循环复制的问题。
  - 双写：对内发布接入层服务（例如 REST API 或者 RPC 服务）业务逻辑层也是双写，一份本地写，另一份通过内部的接入层直接同步写入，这种模式受机房专线的网络状况影响较大，如果出现网络抖动就需要在业务层额外考虑重试机制。
  - 主动拉取：本地机房发现没有数据或者数据已过期，则主动拉取所在机房的数据，并同步写入本地机房。

如何保障数据同步的时效性问题呢？有以下 3 种方式。

（1）异步离线：用户在本地机房写入之后即触发多机房的同步，这是一种最基本的保障时效性的做法，但是这种方式受网络带宽、需要实时同步的数据体量等多种因素的影响，也有可能会造成数据同步时间超出业务容忍的范围。

（2）本地生成：如果发现本地数据没有或者已过期，可采取本地生成的方式，例如用户的授权令牌（token）就可以采取这种模式。

（3）主动拉取：这种模式在数据同步方式中已经介绍过，这里还有另一种实现方案，即如果业务某些热点数据容忍的时延是 5s，那么可以考虑将热点数据单独存储在一个表中，并且定时扫描这个表的数据，如果发现快到期则主动从所在机房拉取同步。

如何保障多机房数据同步的可用性呢？

上面介绍了很多同步模式，例如消息队列、对内接入层获取，但是如果其中一种模式出现拥塞或者系统异常，如何保障多机房数据同步的可用性呢？可以采取多路智能选路的方式，它的示意如图 5-42 所示。

在机房获取数据首先要定义内网及外网获取模式。同时在内网同步又包含同步和异步两种，例如数据同步采取消息队列等方式就是一种技术上的异步实现，而对内接入层提供的接口则可以考虑同步实现，这样就可以应对不同模式下的数据拥塞或者故障问题。另外在旁路实现一个监控和选路组

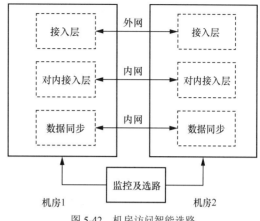

图 5-42 机房访问智能选路

件，对各路调用的拥塞及网络状况进行监控，并定义它们选路的策略，例如优先内网采取消息队列的异步模式来同步，接下来再考虑对内的接入层调用，例如内部 RPC 或者 REST API 的调用模式。最后，如果仍然有问题，则采用外网调用方式，例如选择对外的 REST API 的方式。定义了这些选路策略之后就可以依据监控的情况来选路，提升机房数据同步的可用性。

5.4.3 多机房流量分发

机房在多个区域分布，这就面临流量如何分配的问题。全局负载均衡（GSLB）的提出正是为了解决这个问题，一般来说 GSLB 的实现有两种，一种是基于 DNS，另一种是基于 HTTP（S），下面分别介绍。

1. DNS 流量分发

这种模式下 DNS 的全局流量分发设备会替代最终的 DNS 解析服务器，并返回给用户最合适的 IP 地址或者 IP 地址列表信息，如图 5-43 所示。

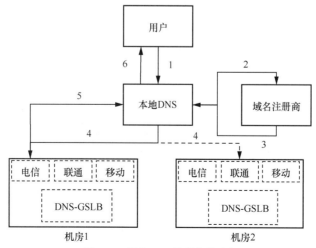

图 5-43 智能 DNS 流量分发示意

智能 DNS 流量分发的处理流程说明如下。

（1）用户向本地 DNS 发起解析请求，如果已缓存则返回用户，否则进入第 2 步。

（2）本地 DNS 服务器逐个向上递归查询，最终会查询到域名注册商的授权 DNS 解析服务器。

（3）授权 DNS 解析服务器会返回一个业务实现了 GSLB 的 DNS 解析服务器的 NS 记录。

（4）本地 DNS 服务器向其中一个 GSLB 地址发起域名查询请求，如果请求超时会向其他地址发起查询请求。

（5）GSLB 选择最优的解析结果返回给本地 DNS 解析服务器，根据全局设置的策略可能是一个或者多个 IP 地址。

（6）用户端本地记录并缓存。

像 A10 以及 F5 都具备 DNS 的全局流量分发功能，不过这种模式存在流量调度不均衡以及流量解析异常的问题，例如 DNS 劫持等，这就衍生出基于 HTTP（S）的流量解析方案。

2. HTTP（S）流量分发

这种模式需要一个本地的 SDK，并且要到指定的 HTTP（S）流量服务器中请求指定域名的 IP 解析地址，它的访问示意如图 5-44 所示。

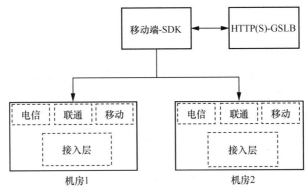

图 5-44　HTTP（S）流量分发示意

它的实现流程比较简单，主要是下面两个步骤。

（1）客户端直接访问 HTTP/HTTPS 流量调度服务（GSLB），获取在调度服务中配置的最优访问 IP 地址。

（2）客户端收到这个 IP 地址或者 IP 地址列表之后直接向业务逻辑服务器发起请求。

一般会将客户端获取服务器端 IP 地址的这个逻辑过程封装成一个 SDK 给移动端使用，并在 SDK 中实现一些拥塞或者访问性能探测的功能，从中选择最优的 IP 访问地址。

基于 HTTP（S）的 GSLB 服务有如下优点。

- 解决域名解析异常：用户通过使用 HTTP（S）协议向 GSLB 服务发起业务解析，绕过本地 DNS 解析的过程，这样客户端的域名解析请求将不会受到域名解析异常的困扰，从而有效预防 DNS 劫持。

- 用户就近访问：当用户请求过来时 GSLB 服务可以获取到请求 IP 地址，并依据 IP 地址的解析服务为用户选择最优的 IDC 服务节点。

- 实现流量精准调度：当流量异常或者机房出现故障时，可以方便地操作 GSLB 服务，将流量调度到就近机房，以保障服务的高可用。

5.5　小结

本章主要介绍了分布式系统下高可用架构的几种方案，先介绍了分布式系统下实现高可用的几个相关理论，接下来在数据存储层、业务逻辑层以及多机房架构层面对高可用的实现进行了深入的探讨，并针对业务中的一些具体场景给出了相应的解决方案。

第 6 章

可扩展架构

可扩展性描述的是当面对业务频繁升级，在系统性能、系统可用性等方面进行改造时，一个系统需要改造的程度，改造的程度越低则可扩展性越强。因此一个系统的前期架构设计需要着重考虑未来功能的扩展性，并依据这些扩展性预留可能的接口以及模块等。

以账号登录保存用户会话信息来简单说明一下可扩展性的设计，一般来说早期都是单机设计，将会话信息先保存在服务器的内存中，这样设计和使用都很方便，如图 6-1 所示。

随着用户数增多，用户的登录请求也变多，单台服务器已无法应对快速增长的用户请求，这时系统就需要扩容，多增加几台服务器，以提升系统的响应能力。系统的架构如图 6-2 所示。

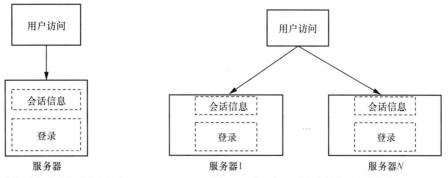

图 6-1　单机用户登录会话内存保存　　　　图 6-2　多服务器用户登录会话内存保存

服务器扩容看上去似乎提升了用户访问的响应性能，但是会话信息还在每台服务器的内存中保存。如果用户 A 在扩容前登录的会话信息保存在第一台机器中，扩容后用户 A 访问了第二台机器，这时会发现没有用户 A 的会话信息，用户 A 需要重新登录，这样用户显然无法接受。要单纯解决用户无须再次登录的问题有很多方案，例如基于 Nginx 做 IP 的粘连访问，用户的会话多服务器同步等，但是这些方案有几个缺点，一是每次增加服务器时，为了保持用户请求分发均衡，总需要额外做 IP 的粘连配置，一旦重新配置 IP 粘连，用户还是会出现类似问题；另一个是会话信息通过多服务器同步，当增加服务器时也需要额外配置同步策略，而且同步也有时延，同样无法彻底解决用户的问题。为了解决这个问题，从系统可扩展性的角度，前期的架构设计应该如何实现呢？答案是采取单服务器无状态设计，例如将会话信息集中化存储，架构如图 6-3 所示。

将每台服务器里所需要的用户会话信息全部集中存储到会话存储服务中，例如数据库或者缓存，这样每台服务器的处理就完全一致，没有任何会话的状态信息需要特殊存储，后续业务无论如何增长，只需要扩展用户登录的服务器容量，不需要额外做任何改动，实现了最小化改动的需求，系统的可扩展性也得到了很大的提升。

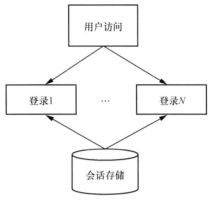

图 6-3 将会话集中存储的可扩展架构

6.1 可扩展的几个维度

可扩展性依据不同的维度可以划分为横向扩展、垂直扩展和纵深扩展。

6.1.1 横向扩展

横向扩展关注的是数据和服务流程的水平复制，这是一种通过增加机器来解决系统可用性及性能问题的朴素方法。这里以电商系统作为案例来说明，假设电商系统包括用户登录、订单管理、商品评论、商品目录及支付等几个系统模块，横向扩展就是每台服务器都具有以上所有功能模块，它们在功能上是完全等价的，通过扩展更多的服务器来促使电商系统的访问性能提升，架构如图 6-4 所示。

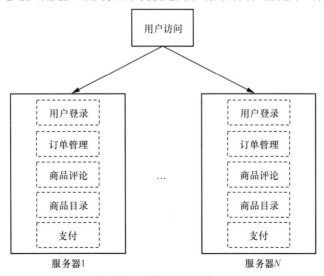

图 6-4 横向扩展架构

横向扩展一般是系统早期演进的一种模式，系统早期比较简单，虽然有比较多的模块，但是模块的功能都比较单一，这样就可以将所有的功能模块全部放在一个系统中，当需要扩展时就"无差别"地将整个系统的功能模块全部复制。一般来说横向扩展的技术实现方案有下面两种方式。

- 负载均衡。负载均衡在 4.6.3 节也讲到过，就是通过一定的算法将用户的请求均衡地分发到后端"无差别"的服务器上，例如常见的反向代理的轮询分发算法、一致性哈希分发算法等都是这个方案的实现技术。负载均衡要求后端"无差别"的服务是没有特定状态存储的，这就是前面提到的需要无状态设计。
- 数据同步。数据同步是指将数据在存储层进行完全对等的迁移，实现数据的"无差别"服务。如果负载均衡被定义为业务逻辑层的横向扩展实现方式，那么数据同步就是数据存储层的横向扩展方式，它用以解决数据存储在 I/O 或者 CPU 等核心资源上的瓶颈问题，例如数据库的主从同步、Kafka 以及 MongoDB 的数据分片同步等。在数据同步场景下就会引发数据一致性问题，一致性问题一般采取分布式选举出一个主节点，其他需要同步的节点则从主节点进行同步的方式来解决，例如 Kafka 以及 MongoDB 等都采取了这种方式。

6.1.2 垂直扩展

垂直扩展关注的是系统中各种职责的划分，职责是通过系统的各种功能、数据类型、资源类型等进行划分的，所以通常也称为面向服务或者资源的扩展。还是以电商系统为例进行讲解，垂直扩展就是将每个服务独立面向用户，每个服务通过网关进行调用，并且依据每个服务的负载情况进行扩展，而不是全功能模块的扩展，垂直扩展架构如图 6-5 所示。

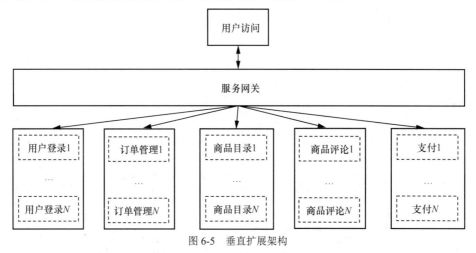

图 6-5　垂直扩展架构

垂直扩展的关键是需要对业务进行服务化处理，图 6-5 的电商系统就需要先对系统内部的各个功能模块进行拆分，例如用户登录单独进行服务化，其他模块也如此。这样做的最大好处在于每个服务的职责更为单一，系统之间的耦合度变得更低，并且可以依据各个服务的情况进行扩展，例如用户登录服务器负载较高，响应存在性能瓶颈，所以只需要扩展这个服务。垂直扩展相对于横向扩展降低了扩展的成本。

但是系统服务化之后就会引入另一个问题，即这些服务的统一化管理，这就需要引入服务治理来进行管理，早期的服务治理例如基于 ZooKeeper 的服务发现、基于 Hystrix 的服务降级和限流，以及服务调用追踪和配置中心等，当然这些功能在后来的 Dubbo 以及现在的 Istio 中都提供了完善的解决方案。

垂直扩展还需要关注的一个方面是服务之间的通信解耦。一般来说服务的解耦可通过分布式消息队列来实现，基于消息队列的发布和订阅机制既可以提升服务之间的调用性能，也可以降低服务之间系统调用的依赖，减少因其中一个服务故障而导致调用链上其他服务拥塞甚至宕机的问题。

6.1.3 纵深扩展

纵深扩展关注的是用户服务及数据需求的优先级和特殊性扩展，例如按照用户类型、区域类型进行划分。还是以电商系统为例，由于业务范围的扩展，现在需要在东南亚地区建立一套同样的电商系统，以满足东南亚地区用户的支付及商品的本地化需求。这就是一种纵深扩展的思路。再如基于电商 VIP 用户的考虑，需要单独的一套系统或者逻辑来满足 VIP 用户的选购需求，为了和普通用户数据隔离开，保障 VIP 用户数据的绝对安全，这也是纵深扩展的一种实现。架构如图 6-6 所示。

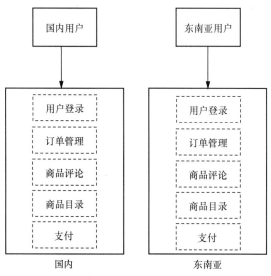

图 6-6　基于区域纵深扩展架构

要实现系统的纵深扩展，可从下面两个方面来进行，一个是基于业务的架构模式，称为单元化架构；另一个是基于数据的处理模式，称为数据切分。下面逐一讲解。

1. 单元化架构

单元化架构描述了一个指定的单元集合里面包含了系统所需的所有功能模块，它和服务化架构的区别在于单元化的服务模块和数据都是本地化的，这样减少了数据的网络传输开销，同时隔离了不同单元用户的数据处理。还是以电商系统为例,它的单元化架构如图 6-7 所示。

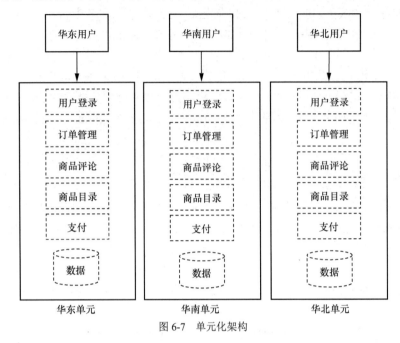

图 6-7 单元化架构

每个单元化系统里面都有各个模块,每个模块功能数量一致,而且数据也是在本地化获取和存储,任何一个单元出现故障都不会影响其他单元,这种架构天然有基于区域和用户隔离的属性,所以在纵深扩展上也更为适合。

2. 数据切分

数据切分和单元化架构有着很强的关联,例如不同单元的数据就需要按照区域进行切分,这是数据切分的一种方式,其他常见的方式还有基于用户 ID 进行哈希切分、基于接入客户端类型进行切分、基于时间段切分、基于数据热度(如用户活跃程度、商品的热销程度)切分等,需要按照业务场景进行切分的选择。数据切分之后,还需要额外考虑数据高可用及备份问题(例如是采取本地冷备份还是跨单元热备份)。

6.2 可扩展架构的实现

要实现可扩展架构的设计,需要区分在哪个层,因为不同层实现的方法差异很大,这里主要从反向代理层、接入层、业务逻辑层、数据缓存层以及数据存储层进行介绍。

6.2.1 反向代理层

反向代理层的扩展需要依赖域名解析服务器(DNS)的支撑,通过对域名解析服务器配置多个反向代理层的访问 IP,采取 DNS 轮询方式对后端的反向代理服务器进行分发,如图 6-8 所示。

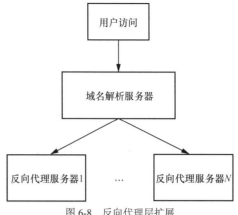

图 6-8　反向代理层扩展

如果反向代理层出现瓶颈，则只需要添加一个域名的 IP 解析，并增加相应的反向代理服务器。典型的反向代理实现组件有 Nginx。

在有些场景下，如果 Nginx 的性能无法满足业务需要，也会在域名解析服务器以及反向代理服务器之间构架一层 LVS，用来提升整体的并发能力，如图 6-9 所示。

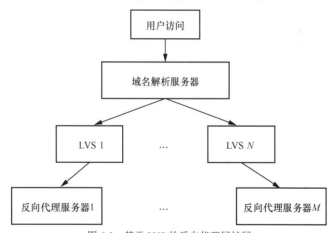

图 6-9　基于 LVS 的反向代理层扩展

LVS 的高可用可通过 Keepalived 来实现。LVS 是一种支持 4 层协议的负载均衡，它的性能非常强劲，例如最常用的直达路由（direct route，DR）模式是将 LVS 和后端的反向代理服务器（如 Nginx）绑定同一个虚拟 IP，一个用户请求过来则直接将请求数据的目的 MAC 地址修改为后端反向代理层的 MAC 地址，源 IP 和目的 IP 都不改变，响应包不用经过 LVS，而是直接返回用户。添加一层 LVS 可以有效提升反向代理层的整体负载性能。综合来看，无论是基于 LVS 还是单纯反向代理层的模式，反向代理层的扩展都可以通过域名解析服务器的 IP 解析配置实现理论上的无限扩展。

6.2.2　接入层

接入层主要是指 Web 系统的站点接入服务，例如 Jetty 和 Tomcat 服务，这一层的扩展主要依靠反向代理层的配置完成，例如 Nginx，实现的架构如图 6-10 所示。

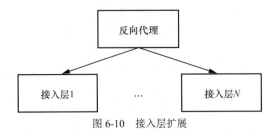

图 6-10 接入层扩展

基于 Nginx 的后端分发配置可以在 nginx.conf 中实现该架构，一个典型的依据 IP 哈希分发的配置如代码清单 6-1 所示。

代码清单 6-1 **nginx.conf** 的 IP 哈希分发配置

```
1.  upstream  backend
2.  {
3.      ip_hash;
4.      server  server1:8080;
5.      server  server2:8080;
6.      server  server3:8080;
7.  }
```

后端的 3 台服务器分别通过客户端请求的 IP 进行哈希分发，如果后端需要扩展得更多，只需要在这个配置中额外添加服务器。

除了 IP 哈希分发策略，Nginx 还有基于最少连接、权重比例、轮询等方式，在前面 4.2.3 节已详细介绍，这里不再赘述。

6.2.3 业务逻辑层

业务逻辑层的扩展主要是依赖服务发现来实现，服务发现是服务治理中的一部分，它提供了一种机制，保障当服务器故障下线或者新增扩展变更时能够自动发现最新服务的地址，并且提供访问服务。通过服务发现实现业务层扩展如图 6-11 所示。

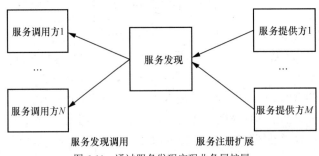

图 6-11 通过服务发现实现业务层扩展

服务调用方通过向服务发现组件进行信息（例如本机的 IP 地址、服务器端口以及接口等）注册，并通过服务发现组件去感知最新的服务调用地址和接口。如果后端服务响应存在瓶颈，可以动态向服务发现组件注册新增的扩展服务，以提升服务响应性能。

服务发现在实现上可以有两种方案，一种是基于调用方实现，另一种是基于服务器端实现。

基于调用方的实现方式是，在调用方本地提供服务可调用的实例地址以及负载均衡策略，一般由调用方定时同步服务提供方的实例地址，并依据一定的负载均衡算法选择一个可用的实例。而服务注册是由提供方主动调用服务发现的接口写入提供方服务信息，它的实现架构如图 6-12 所示。

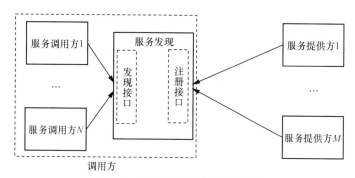

图 6-12 基于调用方的服务发现架构

服务发现通过 SDK 的方式嵌入调用方本地，提供发现接口供服务调用方使用，同时提供注册接口给服务提供方调用，进而实现完整的服务发现功能。这种方式有一个缺点，那就是和调用方的功能耦合太紧密，并且如果服务发现的逻辑需要更新（例如添加一种服务负载均衡的算法），就需要所有的调用方代码更新后重新发布，运维成本太高。

基于服务器端的实现方式是，基于第三方服务实现一个服务发现的组件部署，它的实现架构如图 6-13 所示。

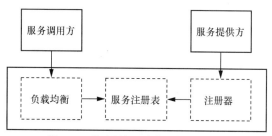

图 6-13 基于服务器端的服务发现架构

这种方式的服务注册不是由服务提供方直接写入服务注册表，而是通过一个注册器接收服务提供方的注册信息，再写入服务注册表，同时服务调用方只是从服务发现的负载均衡模块来选择一个可调用的服务实例，而不是从服务注册表获取一系列的实例，然后由本地的负载均衡算法来选择。

基于服务器端实现的服务发现可以独立于服务调用方的语言，降低了耦合，并且服务发现机制对服务调用方来说也是透明的，特别是更新服务发现的策略和机制不会影响服务调用方的修改，大大降低了运维和更新的成本。

6.2.4 数据缓存层

缓存层的扩展采取的方式基本上是数据切分，切分后通过扩展出更多的服务器来实现扩容和性能提升。通常情况下数据切分有如下几种方式。

1. 按范围切分

先定义出不同的切分范围，例如 1～1000 的 ID 切分到节点 1，而 1001～2000 的 ID 切分到节点 2，以此类推，扩展时只需要增加新的切分范围，如图 6-14 所示。

这种方式实现简单，只需要新增切分范围，但是也存在一个潜在的问题，就是数据的活跃数分布不均衡，例如拉新在一段时间内新用户往往比较活跃，这样就导致某些处理节点负载会比较高。

2. 哈希映射切分

将用户数据的唯一 ID 映射到后端的服务器上，例如采取取模运算，假设将后端的两台缓存服务器分别编号为 0 和 1，那么每条数据过来映射的服务器编号就是 ID%2，如图 6-15 所示。

这种方式相对于范围切分的方式均衡性较好，但是也有一个较大的问题，那就是可扩展性不好，如果再新增一台服务器，取模运算就会变成 ID%3，这样会导致大量的数据迁移。

3. 一致性哈希切分

前面介绍过一致性哈希，事先定义一个固定节点数量的哈希环，每条数据过来先进行哈希运算，并将运算的结果值沿顺时针方向寻找最近的处理节点，如图 6-16 所示。

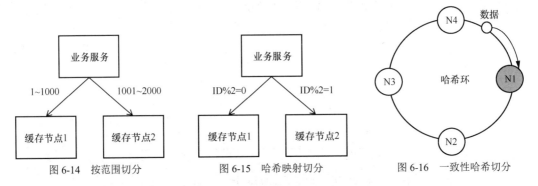

图 6-14　按范围切分　　　　图 6-15　哈希映射切分　　　　图 6-16　一致性哈希切分

一致性哈希对于扩展场景下数据的迁移量是最小的，例如从 9 台服务器扩展到 10 台，迁移的数据只有 10%，当然一致性哈希也会面临数据倾斜问题，要解决这个问题，需要引入虚拟节点，具体细节可以参考 4.3.2 节的介绍。

6.2.5 数据存储层

数据存储层的可扩展架构主要是基于分表和分库的实现，这两种方式分别对应基于数据的切分和基于业务的切分。

- 分表切分：当一个业务的数据达到了一定的规模但是访问并发请求还处于单库能处理的范围内时，就可以考虑将数据进行分表切分，这样可以缓解 CPU 负载及提升 SQL 查询性能。

如果数据规模增大，只需要通过表的切分来实现扩展。

- **分库切分**：分为两种情况，一是基于业务服务化的考量，不同的业务倾向于使用不同的库进行数据存储，业务从单一架构到服务化架构演进的过程中，会使用分库切分的方式来解决业务可扩展性问题；二是有时基于数据访问性能的考量，例如云端数据备份，数据的规模很大，单纯的分表已无法满足数据存储的性能要求，这时也会考虑采取分库切分的方式。

数据库分表分库的具体切分方式有横向切分及垂直切分两种，另外还有切分的算法等，这些内容在 4.3.2 节都详细介绍过，这里不再赘述。

6.3 几种典型可扩展架构

本节将介绍分层架构、服务化架构和单元化架构这 3 种典型的可扩展架构。

6.3.1 分层架构

分层架构系统按照从上到下的层级关系，经典分法可分为 3 层，分别为数据访问层、业务逻辑层以及表示层。但是在实际业务系统中按照业务的数据流向会拆分得更细，例如 6.2 节讲到的反向代理层、接入层、业务逻辑层、数据缓存层以及数据存储层，当然还有客户端的表现层。后一种的分层架构如图 6-17 所示。

分层架构的扩展可以依据每层的业务实际使用情况来进行，按需扩展，如果数据规模比较大，但是访问并发量一般，那么这时只需要在数据存储层进行扩展。这种架构比较适用于 OA、人事、报名等相关系统，这些系统一般访问量不是很大，但是业务系统之间仍然需要解耦并依据实际使用进行业务分层扩展。

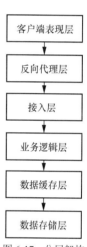

图 6-17　分层架构

6.3.2 服务化架构

服务化架构是将系统按照服务模块化的方式对外提供调用，不同于按照技术层级将业务进行垂直划分的分层架构，这种架构主要聚焦在服务的功能可扩展性上。每个服务（例如电商系统里的支付服务、导航服务、商品服务、登录服务以及评论服务等）的响应要求和指标都不同，如当用户访问系统的时候，导航服务、商品服务的访问请求比较多，这时需要关注的更多是业务层面的可扩展性。服务化架构的演进如图 6-18 所示。

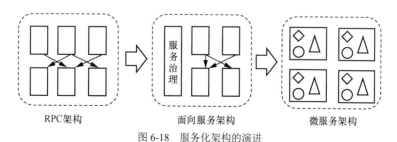

图 6-18　服务化架构的演进

图 6-18 所示的架构的介绍如下。

- **RPC 架构**：只是提供了服务之间的调用方式，它的扩展（例如新增服务）需要在调用的客户端嵌入代码进行配置修改。这种架构相对是一种比较原始的服务化架构，扩展起来也比较烦琐。

- **面向服务架构**：在 RPC 架构的基础上提供了服务治理的功能，这样所有的服务扩展只需要向服务治理注册，调用方也只需要去服务治理调用以实现服务发现，这对于系统的可扩展性已经有较好的支持。

- **微服务架构**：它提倡在面向服务架构的基础上解耦服务治理，不建议统一化、集中化的服务治理模式，而是每个服务独立并且原子化地提供服务，并且可以通过微服务的组合和重构快速搭建一个新的系统。例如，对于电商系统中的支付系统，面向服务架构就是支付系统单独服务化，而微服务架构是将支付系统的各个模块服务化（例如将税率计算、折扣计算、运费计算等拆分开来），这样方便支付系统调用，同时订单系统也可调用。这种架构是最灵活的可扩展架构，不过也带来了调用链复杂、系统随着微服务增多其调用链呈指数级增加的问题，对于运维问题的排查也构成了较大的挑战。

6.3.3   单元化架构

单元化架构是 6.1.3 节介绍的纵深扩展架构的典型实现，每个单元的功能都通过本地化闭环提供，无须跨单元、跨区域的服务调用，很好地实现了按照系统优先级或者数据优先级的接入以及隔离保护。单元化的扩展只需要按照数据分片进行分发，当有更多的数据请求时只需要按照数据切分扩展到新增的服务单元，如图 6-19 所示。

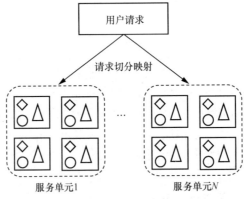

图 6-19   单元化架构

单元化架构中的服务仍然可以按照分层架构来设计，并且可将业务数据类型分为可切分数据、不被关键业务频繁访问的全局数据以及被关键业务频繁访问的全局数据 3 种类型。可切分数据纳入单元化本地存储；不被频繁访问的全局数据（例如一些系统的配置）不放在单元化架构中，而采用另一种独立单元来全局承载；最后一种被频繁访问的全局数据仍然采用单元化部署，但是它在每个依赖的业务单元都会部署一份副本，修改是在本地完成，然后同步到其他依赖的单元。本地化部署的主要目的在于解决频繁访问全局数据所带来的时延问题。这种模式由于大多数数据的切分可以映射到不同的单元，因此在多机房场景下应用更为广泛，对于多机房接入的用户，按照流量比例切分到不同的单元处理。

6.4 小结

本章主要介绍了分布式系统下可扩展的一些技术实现和架构模式，首先介绍了可扩展的 3 个维度，分别是横向扩展、垂直扩展以及纵深扩展，并就实现这 3 个扩展维度的技术方案做了简要的探讨。接下来介绍了分层系统下在每层可扩展架构的技术实现方案。最后介绍了典型的 3 种可扩展架构，包括分层架构、服务化架构以及单元化架构。

第 7 章

可维护架构

系统的监控是保障系统正常运行的基础，也是可维护架构的核心组成部分，从目标效果来看，系统的监控包括两个部分，一是保障系统的各项运行指标正常，二是保障系统的数据安全及可视化。监控的这两个目标最终都是为了满足运维人员对系统问题的及早发现以及止损的要求。为了实现这两个目标，系统的运维需要经历下面几个阶段。

- 信息化：主要是将系统的各个模块的指标进行量化。业务系统指标包括模块的调用次数、失败次数、成功次数；服务器的系统负载指标包括 CPU、I/O 及内存等。信息化是运维的最初阶段，也是必经阶段，只有将系统的各种可能数据指标进行采集和量化，才可能进入后面的几个阶段。
- 自动化：主要是对系统采集的指标进行分析，例如失败次数占比超过某个比值就下线指定的模块业务，以保障系统的正常响应。自动化阶段一般是根据人工运维的经验进行规则量化，纳入运维中实现一些简单的系统自动化运维能力。
- 智能化：主要是基于系统和模块的日志信息进行机器学习，分析出一些日志类型或者运维的基线指标，再按照分析的结果触发处置策略。例如，基于日志类型分析正常情况下的日志错误及类型的一些基线，并就这些基线来做偏离判断，或者当满足一定的基线模型的条件时预测未来的故障类型或者可能的故障区域等。

7.1 系统监控工具

系统的监控工具是系统运维的基石，本节会介绍一些业务侧和中间件中常见的监控工具和基本原理。

7.1.1 Zabbix 监控系统介绍

Zabbix 是一款基于 Web 页面的分布式系统及网络监控开源解决方案，它能够提供监控各种系统的丰富的指标以及灵活的通知告警机制。Zabbix 已成为时下应用非常广泛的一款监控工具，它的运行架构如图 7-1 所示。

Zabbix 分为客户端数据采集以及服务器端的数据存储和配置管理。通过客户端的数据采集将数据传递到服务器端，进行可视化的数据展示或者监控告警，同时它也支持监控的自定义配置。下面就 Zabbix 客户端的数据采集以及服务器端的管理功能分别进行介绍。

1. 客户端数据采集

Zabbix 的客户端数据采集有下面几种方式。

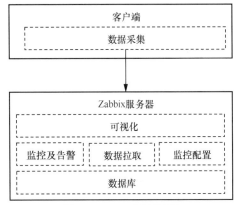

图 7-1 Zabbix 的运行架构

- Agent 监控：在客户端部署一个 Agent 客户端，Agent 会通过 TCP 将本机采集的监控信息传送到 Zabbix 的服务器端。Agent 的数据监控分为主动模式和被动模式，主动模式下 Agent 采集的数据会通过指定端口主动上报到 Zabbix 的服务器端，被动模式下 Agent 在客户端监听指定的端口，等待服务器端来拉取数据。这种模式部署比较重，但是内置的监控功能项非常丰富。

- Trapper 监控：Trapper 是一种更灵活的轻量级客户端数据采集模式，它通过一个 Zabbix-sender 向 Zabbix 服务器主动发送采集的数据，并且数据采集的内容可以自定义实现并通过 JSON 结构返回。这种模式解决了 Agent 模式客户端部署较重的问题，监控的内置项没有 Agent 模式丰富，但是定制更灵活。

- SNMP 监控：一种基于简单网络管理协议（simple network management protocol，SNMP）的数据采集方式，这种方式在服务器以及其他一些硬件设备上应用得较为广泛。只要部署的代理客户端，就可以对所有支持这种协议的设备进行监控。这是它的优势，但是 SNMP 传输采用的是用户数据报协议（user datagram protocol，UDP），在网络环境不好的场景下其监控的可靠性难以得到保障，同时这种监控的数据也比较固定，不够灵活。

- IPMI 监控：智能平台管理接口（intelligent platform management interface，IPMI）是由英特尔等公司制定的一种外围设备的监控工业标准，可用来监控服务器的温度、电源状态、电压以及风扇工作状态等。

- JMX 监控：Java 管理扩展（Java management extensions，JMX）是为 Java 应用管理所制定的一套框架，Zabbix 中可通过 zabbix-java-gateway 来对接 JMX 的数据采集。

- 无代理监控：无代理监控主要是用来解决某些设备由于资源或者其他限制无法安装代理组件的问题，它提供 3 种模式的监控，第一种是基于 TCP 端口的可用性以及响应时间的监控；第二种是基于互联网控制报文协议（Internet control message protocol，ICMP）ping 报文的监控；第三种是基于 SSH 协议或者 Telnet 协议的远程监控方式。

- Web 监控：支持基于 HTTP 和 HTTPS 的 Web 站点接口的监控，例如配置一个指定的 URL 监控的响应时间、响应码、响应结果中出现的指定内容等。另外还提供基于多步骤的访问配置监控，例如一个用户的登录退出全流程监控模拟。

2. 服务器端管理

Zabbix 可实现的几种服务器端监控管理的方式如下。

- 监控：服务器端的监控设置以及配置非常丰富且多样化，可实现自定义的监控阈值配置以及针对特定故障的监控条件和恢复条件设置，同时还具备对历史数据的分析对比检测，例如最近一小时的 CPU 负载是上周同期时间的 N 倍。另外还可设置触发告警的上下限，当达到上限时就触发问题告警监控，降低到下限则可认为是正常状态，这样可以有效避免误报。

- 告警：可以通过各种不同的渠道（例如短信或者邮件）将告警通知系统责任人，并提供告警确认、告警升级以及采取行动措施等不同手段，同时为了解决告警疲劳，支持事件去重及过滤甚至根因分析等功能。

- 自定义配置及模板：Zabbix 提供了多样化的模板，例如基于 Web 场景的图形展示方式、网络监控、主机监控等，并支持基于 XML 的自定义配置导入。

- 可视化：提供丰富的 Web 可视化界面，例如仪表盘、图标、网络拓扑、地图展示、可拖曳的区间展示等。

- 数据库：Zabbix 支持传统的关系数据库，例如 MySQL、PostgreSQL、Oracle 等，默认是 MySQL。由于意识到关系数据库不足以应对当下海量的时序监控数据存储，从 4.2 版本开始 Zabbix 也开始支持 TimescaleDB（一种时序数据库）。

7.1.2 Prometheus 介绍

Prometheus 是由 SoundCloud 开发的开源监控告警系统和时序数据库，2016 年由 Google 发起的 Linux 基金会旗下的云原生计算基金会（Cloud Native Computing Foundation）将 Prometheus 纳入其第二大开源项目，另一个项目就是 Kubernetes。整体看 Prometheus 由两部分组成，一部分是监控告警系统，另一部分就是时序数据库（time-series database，TSDB）。Prometheus 的架构如图 7-2 所示。

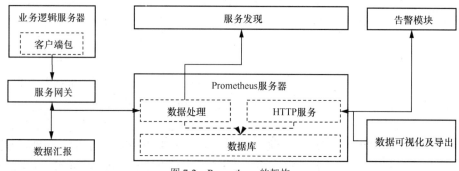

图 7-2　Prometheus 的架构

Prometheus 的基本原理是通过 HTTP 定时去服务器抓取被监控的度量数据信息，这种抓取分为两种模式，一种是 Prometheus 服务器主动到业务逻辑服务器获取数据，另一种是业务逻辑服务器先推送到一个服务网关，Prometheus 服务器再从服务网关获取，或者通过第三方标准的数据汇报 HTTP 服务获取，将指定获取的字段存储在服务器的时序数据库中，最后按照配置的告警规则进行告警或者通过它自定义的 SQL 语句（PromQL）进行数据可视化展示和导出。具体来说，每个模块的详细功能如下。

- 数据处理：用于采集和处理时间序列，它是 Prometheus 服务器的核心部分，主要是对新增删除的服务发现以及数据的采集和处理，处理之后存储到数据库。对于服务发现，可采取静态配置来管理监控目标，也可采取 Kubernetes 中的 Service Discovery 的方式动态地管理监控目标。采集到的数据按照时序的方式存储到本地磁盘中。

- 客户端包：在业务逻辑服务器上采集需要监控的度量信息，并暴露给 Prometheus 服务器，当 Prometheus 服务器来拉取数据的时候返回当前的实时度量信息。
- 服务网关：服务网关主要应用在度量数据存活时间比较短的场景，当服务器端来拉取时数据已不在，例如实时性非常强的监控数据，这时就需要一个服务网关对这种数据进行暂存，再让服务器从网关中获取。
- 数据汇报：在 Prometheus 中的标准名称为 Exporters，主要用于向 Prometheus 服务器暴露第三方服务的度量信息，Prometheus 服务器通过从暴露点拉取就可以获取到采集的监控信息。
- 告警模块：告警模块从 Prometheus 服务器中按照配置的告警规则得到告警事件后，会将事件进行去重、分组，并路由告知责任人，例如邮件告知等。
- 数据可视化及导出：Prometheus 服务器内置基于 PromQL 查询的可视化界面，同时也支持 Grafna 数据可视化，还有一种直接暴露查询的接口，供定制化界面的开发。

Prometheus 比较适合以服务器为中心，并且高度动态面向服务架构体系，例如基于 Kubernetes 的微服务架构体系就非常适合。另外它具有非常高的可靠性，每台 Prometheus 服务器都是独立部署的，不依赖其他应用服务器及网络。

由于 Prometheus 注重可靠性，也就是说数据可能存在重试以及重复，那么业务需要精准监控，因此一些请求的计费统计就不适合使用它。

7.1.3 中间件监控系统介绍

中间件监控也可以采取上面介绍的 Zabbix 以及 Prometheus 实现，不过由于中间件的核心位置和其在系统中的重要性，行业仍然开源出了各种独立的监控系统，以满足对中间件更细化的监控需求。这里主要介绍 Kafka 和 Redis 的监控组件。

1. Kafka 监控

Kafka 的常见的监控工具主要有 4 种，分别是 Kafka Web Console、Kafka Manager、kafka-monitor 以及 Kafka Eagle，下面分别简要介绍一下。

（1）Kafka Web Console。Kafka Web Console 是用 Scala 语言编写的 Java Web 程序，用于监控 Apache Kafka。它可以监控的内容如下：

- Brokers 列表；
- Kafka 集群中的主题列表，以及对应的分区和日志大小等信息；
- 点击各个主题，可以浏览对应主题的消费者和数据偏移情况等信息；
- 生产和消费流量图、消息预览等。

Kafka Web Console 监控的点比较全面，但是实际使用中存在的问题较多，监控组件到现在已经有很多年没有维护了，现在这个项目已经不再提供任何技术支持，官方也建议采用 Kafka Manager 来代替它。

（2）Kafka Manager。Kafka Manager 最早由雅虎开源而来，是目前最受欢迎的 Kafka 监控工具之一，它提供的可视化界面方便用户对 Kafka 进行操作、管理和监控，它具备的功能如下。

- 管理多个集群。
- 轻松检查集群状态（主题、消费者、偏移、代理、副本分发、分区分发）。
- 运行首选副本选举。
- 使用选项生成分区分配以选择要使用的代理。
- 运行分区重新分配（基于生成的分配）。
- 使用可选主题配置创建主题（0.8.1.1 具有与 0.8.2+不同的配置）。
- 删除主题（仅支持 0.8.2+并记住在代理配置中设置 delete.topic.enable = true）。
- 主题列表现在指示标记为删除的主题（仅支持 0.8.2+）。
- 批量生成多个主题的分区分配，并可选择要使用的代理。
- 批量重新分配多个主题的分区。
- 将分区添加到现有主题。
- 更新现有主题的配置。

Kafka Manager 提供的监控和管理功能非常丰富，它不仅是一款监控工具，而且已经演变为一整套的 Kafka 管理工具，维护和更新也比较及时，社区活跃度在所有 Kafka 监控组件中也是最高的。

（3）kafka-monitor。kafka-monitor 由 LinkedIn 开源及维护，现在已更名为 Xinfra Monitor。它提供的监控及管理功能如下。

- Kafka 端到端的消息时延。
- Kafka 集群的可用性监控。
- 生产和消费功能的可用性。
- 消费偏移量提交的可用性。
- Kafka 消息丢失率。
- Kafka 集群主题创建。
- 分区变更。

kafka-monitor 支持的 Kafka 版本覆盖了 0.8 到 2.0，另外它还提供了基于 HTTP 的方式来查询 Kafka 用 JMX 统计的标准度量信息。

（4）Kafka Eagle。Kafka Eagle 是另一款较为常用的开源 Kafka 集群监控系统，它的核心模块及其功能如下。

- **面板可视化**：负责展示主题列表、集群健康、消费者应用等。
- **主题管理**：包含创建主题、删除主题、主题列表、主题配置、主题查询等。
- **消费者应用**：对不同消费者应用进行监控，包含 Kafka API、Flink API、Spark API、Storm API、Flume API、Logstash API 等。
- **集群管理**：包含对 Kafka 集群和 ZooKeeper 集群的详情展示，其内容包含 Kafka 启动时间、Kafka 端口号、ZooKeeper Leader 角色等。同时，还有多集群切换管理，ZooKeeper Client

操作入口。

- 集群监控：包含对 Broker、Kafka 核心指标、ZooKeeper 核心指标进行监控，并绘制历史趋势图。
- 告警功能：对消费者应用数据积压情况进行告警，以及对 Kafka 和 ZooKeeper 监控度进行告警。同时支持邮件、微信、钉钉告警通知。
- 系统管理：包含对用户创建、用户角色分配、资源访问进行管理。

Kafka Eagle 在社区的维护也比较及时，发展到现在已演进到了 2.0.0 版本，对 Kafka 的版本支持也是从 0.8.2.x 到 2.x。

2．Redis 监控

Redis 监控现在的主流开源框架主要是如下几款：redmon、redis-stat、redisLive 和 redis-monitor。下面分别简单介绍一下。

（1）redmon。redmon 是一款用 Ruby 开发的轻量级 Redis 监控工具，它提供了可视化的 Web 监控界面，通过 http://ip:4567 即可访问其 Web 监控界面，提供的一些功能如下。

- Redis 实时流量监控。
- Redis 请求信息监控。
- Redis 配置信息管理。
- 慢日志查询。
- 命令行操作。

redmon 具备了基本的 Redis 监控和管理功能，但是对于多集群监控不支持。

（2）redis-stat。redis-stat 也是基于 Ruby 实现的，它的实现原理依赖于 Redis 提供的 Info、monitor 命令，所以监控项也是基于这两个原生命令的功能，它提供基于命令行查询以及界面可视化监控两种方式，启动后可通过 http://ip:8080 来访问 Web 可视化界面，它的监控功能如下。

- Redis 服务器信息，例如版本、操作系统版本、服务进程 ID 等。
- Redis 客户端信息，例如连接数、正在等待的阻塞命令的客户端数等。
- Redis 内存信息。
- RDB 及 AOF 信息。
- CPU 统计信息。
- 集群信息。
- 存储数据库相关统计信息。
- Redis 的命令执行信息。

由于 redis-stat 采用了 Redis 自带的命令进行监控管理，对 Redis 服务器性能的影响较小，因此能够监控集群信息，但是对于单节点信息不能单独显示。

（3）redisLive。redisLive 是用 Python 编写的开源的图形化监控工具，它包含一个可视化界面以及基于 Redis 自带的 Info 命令和 monitor 命令的监控服务。redisLive 支持多实例监控，监控信息可以使用 Redis 存储或者 SQLite 持久化存储，启动后它的访问地址是 http://ip:8888/index.html。

（4）redis-monitor。redis-monitor 是一款 Redis 的可视化监控工具，它的服务器端是基于 Flask

框架开发的，前端采用的是 React 库，后端数据库采用 SQLite 进行持久化存储。它的监控及管理功能包括如下几点。

- Redis 服务器信息，包括 Redis 版本、上线时间、操作系统信息等。
- 实时的消息处理信息，例如执行命令数、连接总数等。
- 实时连接时间动态图表。
- 实时操作时间动态图表。
- 内存占用、CPU 消耗实时动态图表。
- 简单的命令和功能操作，例如 flushdb 命令以及一些键和值的添加操作。

redis-monitor 启动之后，可通过 http://ip:9527 对 Web 可视化管理界面进行访问。

7.2　业务日志的监控及分析

业务日志的监控及分析一般分为日志采集、日志清洗、日志传输、日志转发、日志存储、查询及可视化分析几个部分。业务日志的监控及分析系统架构如图 7-3 所示。

下面逐一讲解一下业务日志的监控及分析的各个部分。

- 日志采集：它存在于业务服务器上，针对服务器产生的日志数据进行实时采集上报，一般日志采集的组件有 Filebeat、Logstash 等。
- 日志清洗：针对采集的日志数据进行过滤清洗，去除无效或者残缺的日志数据，这个阶段的组件一般采用的是 Logstash。
- 日志传输：数据清洗之后一般采用消息队列进行日志传输以及削峰处理，也可以依据日志类型在消息队列中新建不同的主题传输，拆分出不同紧急程度的日志数据，避免紧急的日志数据因共享传输通道导致拥塞。时下多采取 Kafka 进行传输和分类。
- 日志转发：对接日志传输和日志存储，可以自行写消息队列的消费者进行接收，并写入日志存储服务器，一般没有太多的逻辑处理。也可采用比较成熟的组件（如 Logstash）来对接。
- 日志存储：对清洗过后的日志数据进行存储，它需要提供基于内容的检索和查询功能，一般选择使用 Elasticsearch。
- 查询及可视化分析：需要对日志数据进行查询结果的可视化分析和展示，例如 Kibana。

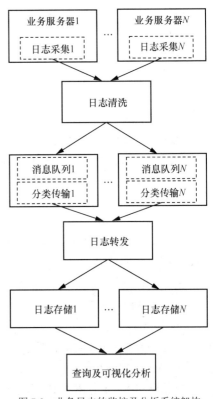

图 7-3　业务日志的监控及分析系统架构

下面将以上几个模块分为三大类来进行讲解，分别是日志采集及清洗、日志的传输及存储、日志查询及可视化。

7.2.1 日志采集及清洗

前面介绍了日志采集通常采用的组件是 Filebeat、Logstash。下面我们就以 Filebeat 为例，说明它的组成部分及工作原理。

Filebeat 由 3 个部分组成，分别是文件查找器、文件采集器和后台处理器，其架构如图 7-4 所示。

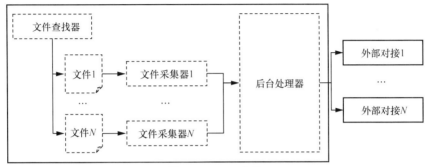

图 7-4　Filebeat 架构

一个 Filebeat 启动时会启动一个或者多个文件查找器，文件查找器先对配置的文件格式类型以及路径进行扫描，例如/logs/*.log 就会对 logs 目录下的所有以 log 结尾的文件进行扫描，扫描到的每个文件启动一个对应的文件采集器进行文件采集，它会通过 tail "文件名" 的方式获取增量数据，并将日志数据发送到后台处理器处理。数据发送到后台处理器之后就是数据的外部对接，Filebeat 也兼容常见的数据输出组件的接口，例如 Elasticsearch、Redis、Kafka 和 Logstash 等。

1．文件查找器

文件查找器在 Filebeat 模块中称为 Prospector，它负责按照配置查找服务器上匹配的日志文件，并启动一个文件采集器进行文件采集，同时管理所有的文件采集器。

目前文件查找器支持以下几种文件输入模式。

- Log：基于文件的 log 输入，这是默认模式。
- Std：基于标准输入设备的 stdin。
- Redis：从 Redis 读取慢日志数据，这是一个实验性的模式。
- UDP：通过 UDP 读取数据。
- Docker：读取 Docker 的日志数据。

文件查找器每次会检查对应的文件或者输入是否有文件采集器，如果没有就启动一个文件采集器。当然，如果配置了 ignore_older 选项，则会将指定时间段以外修改的内容忽略，不纳入采集范围。文件查找器只能读取到本地的文件和输入，无法远程连接到其他服务器读取文件信息。

2．文件采集器

文件采集器在 Filebeat 模块中称为 Harvester，它负责读取每个文件的内容并将内容输出到后台处理器，同时要负责文件的打开和关闭操作。文件采集器会一直持有文件的描述符，即使文件删除它的磁盘占用空间也不会释放，以保障文件采集器一直读取到文件内容，直到触发 close_inactive 关闭文件采集器为止。

3. 后台处理器

后台处理器在 Filebeat 模块中称为 spooler，它接收来自文件采集器的数据，并将数据进行汇聚并发送到指定的输出组件。例如输出到 Logstash 的一个 filebeat.yml 配置，如代码清单 7-1 所示。

```
1.   output:
2.     logstash:
3.       hosts: ["192.168.0.1:5044"]
4.       worker: 4
5.       loadbalance: true
6.       index: "filebeat-log"
```

其中 worker 表示 Filebeat 连接到每个 host 的线程数，loadbalance 开启的情况下意味着向 4 个 worker 轮询发送数据，以实现负载均衡。index 是发送出去的日志索引文件名。

日志采集之后就需要对数据进行清洗，这里以 Logstash 为例来讲解数据清洗的组件的原理和模块组成。

Logstash 处理数据及事件分为 3 个部分，即数据输入、数据过滤以及数据输出，它的架构如图 7-5 所示。

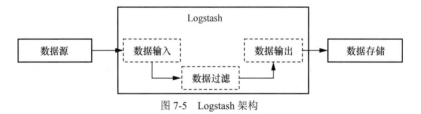

图 7-5　Logstash 架构

（1）数据输入：采集各种数据源的数据，支持同一时间从不同的数据源抓取不同的数据，常见的输入有以下几种。

- file：从文件系统的文件中读取，类似于 tail -f 命令。
- syslog：在 514 端口上监听系统日志消息，并根据 RFC3164 标准进行解析。
- redis：从 redis service 中读取。
- beats：从 Filebeat 中读取。

（2）数据过滤：数据从数据源传输到数据存储的过程中可选择配置数据过滤规则，例如将数据转换为业务定义的标准格式，以及支持正则匹配过滤一些业务不关注的数据。它以插件化的方式来使用，常见的过滤插件有如下几种。

- grok：grok 是 Logstash 最重要的插件，可解析并结构化任意数据，支持正则表达式，并提供了很多内置的规则和模板供使用。
- mutate：此插件提供了丰富的基础类型的数据处理功能，包括类型转换、字符串处理和字段处理。
- date：此插件可以用来转换日志记录中的时间字符串。
- GeoIP：此插件可以根据 IP 地址提供对应的地域信息，包括国别、省市、经纬度等，对于可视化地图和区域统计非常有用。

（3）数据输出：将过滤和清洗的数据选择一个输出的存储组件，Logstash 支持的输出组件主要有下面几种。

- elasticsearch：可以高效地保存数据，并且能够方便和简单地进行查询。
- file：将 event 数据保存到文件中。
- graphite：将 event 数据发送到图形化组件中，它是一个很流行的开源存储图形化展示的组件。
- codecs：codecs 是基于数据流的过滤器，它可以作为输入、输出的一部分配置。codecs 主要用于分割序列化的数据流。

7.2.2 日志的传输及存储

本节详细介绍一下日志的传输及存储的实现方案。

1. 日志传输

日志的传输在前面已经提到采用消息队列来实现，它可以实现两个功能，一个是基于日志进行分类传输，另一个就是提升日志数据的处理性能。

在业务系统里日志类型非常多，例如一些业务的审计日志，常见的在机器学习系统里模型的判断结果就需要进行审计，以便抽样检测它的误判率以及准确率；另外还有一些运营日志，例如客户端的版本类型分布以及占比等；最后还有一些开发日志，开发日志里又包含一些告警日志、记录信息日志以及异常日志等。这些不同类型的日志有不同的紧急程度，例如开发日志里的一些异常日志要求时延比较低，以便实时快速发现问题，这就需要使用日志分类功能来实现，如图 7-6 所示。

图 7-6　消息队列分类传输日志

每种类型的日志申请不同的消息队列主题，并依据其处理的数据规模和紧急程度设置不同的分区数量，以提升对应类型日志的处理性能。

业务系统每天产生大量的日志数据，这些数据在不同时间段的规模完全不同，例如资讯类的应用在早上以及晚上空闲时间会出现高峰，那么系统产生的日志相应地也会比较多，而在凌晨或者深夜相对就会比较少，所以为了不让日志在高峰期打垮处理系统，空闲期也不至于过于浪费资源，就需要系统实现削峰和填谷的功能，这时就可以采用消息队列。消息队列削峰填谷示意如图 7-7 所示。

图 7-7　消息队列削峰填谷示意

2. 日志存储

Elasticsearch 具备良好的数据分析、检索以及模糊查询的功能，在开源社区热度非常高，也是日志存储的首选组件。在数据存储和建模方面，Elasticsearch 提供了基于 Index 和 Type 的实现方案，其中 Type 属于 Index 下的类型，两种方案的优劣势如下。

- 多索引（Index）方案。该方案将所有的表结构定义为一个 Index，每个 Index 下包含多个分片，每个分片对应于一个独立的 Lucene 索引，如果一个 Index 下有 N 个分片，一个内容存在于 M 个 Index 下的话，在检索查询的时候就需要有 $M \times N$ 个分片结果需要合并，所以 Index 过多会影响线上查询的性能。
- 多类型（Type）方案。该方案采取 Index 下通过多个 Type 来区分数据类型的方式，这样做相比于多索引方案的优势是检索时合并的效率更高，但是劣势也很明显，Type 实质上类似于关系数据库里的宽表设计，不同的 Type 在一个整表下面，底层 Lucene 会固定为这些表结构预留空间和字段来提升检索速度，但是宽表字段过多，多个 Type 之间字段相似度太低，这会导致存储的数据稀疏，存储压缩率不高，如果这种情况下使用多类型方案会比多索引方案消耗的资源多。

那么在日志存储时如何选择索引和类型的方案，以均衡利用它们各自的优势呢？可以遵循如下几条原则。

（1）对于多样化且规模较大的数据可采用多索引方案，并依照时间进行索引切分，具体时间视业务日志量的大小而定，一般以 30～40GB 的大小进行切分。例如业务的告警、信息或者异常日志的字段非常丰富，其数据规模也很大，适合采用多索引方案。

（2）对于字段比较相似的日志信息可采用多类型方案，日志数据放在有限的几个索引中，如果数据规模不大甚至可以放在同一个索引下，并依据不同的类型进行区分，它们的字段相似度很高，压缩存储占用空间不大，在同一索引下减少了数据查询的合并环节，提升了查询性能。例如对于一些审计日志信息可以采取这种模式。

（3）对于数据规模小、字段差异性较大的数据建议采用单个索引存储方案。由于数据规模小，因此无须切分索引，查询的性能会更高。例如一些业务的运营日志只是统计数据，但是在统计维度上各个业务差异性很大，比较适合这种模式。

7.2.3 日志查询及可视化

日志查询及可视化时下应用比较广泛的是 Kibana。Kibana 是一个针对 Elasticsearch 的开源分析及可视化平台，用来检索、查看交互存储在 Elasticsearch 索引中的数据。它操作简便，基于浏览器的用户界面可以快速创建仪表盘，并实时显示 Elasticsearch 查询动态。它的技术组成模块及选型说明如下。

- 整体框架：React 和 Angular 结合使用。
- UI 框架：EUI，是 Elastic 公司自己开发的一套开源 UI 框架。
- 可视化框架：D3 和 Vega。
- 拖曳库：react-grid-layout。

Kibana 的功能分为可视化和仪表盘两个层面。

（1）可视化层面的功能有：

- 增加或删除自定义的展示图表；
- 给展示图表自定义配色方案、标题等；
- 将图表分享或者内嵌。

（2）仪表盘层面的功能有：

- 自定义添加可视化的图表，或者添加保存搜索历史数据；
- 每个图表或者数据是一个面板（panel），支持面板的自定义拖曳排序和改变大小；
- 拥有过滤、查询、时间筛选 3 种功能，通过搭配这 3 种功能可以实时改变面板中的展示内容；
- 可以在仪表盘中针对具体的每项内容跳转到指定可视化页面进行修改；
- 通过点击面板中的不同位置，可以快捷地实现仪表盘的过滤操作；
- 可以通过右飘窗实时查看面板中的数据；
- 可以将仪表盘分享或者内嵌。

除了 Kibana，Grafna 也是常用的一种可视化组件，感兴趣的读者可以自行查询相关资料，这里由于篇幅原因不再介绍。

7.3 业务数据的安全监控及分析

业务数据的安全监控主要介绍对数据进行全链路监控及审计、数据授权以及数据血缘追踪等内容。

7.3.1 数据安全防护方案

安全防护注重的是纵深及多点防御的方式，单点防御往往会导致安全容易被攻破，存在明显的短板。数据安全防护也是一样，需要从数据的全生命周期来考量，这里介绍一下数据在各个阶段的安全防护措施。

（1）数据传输：传输需要重点考虑传输通道的加密，使数据不易被窃取。这里分为下面几种情况。

- 客户端采集：用户的数据上传通过网页或者客户端 App 完成，这时一般需要采用 HTTPS，如果是一些 CDN 上的静态资源等比较敏感的信息，就需要考虑采取支持 keyless CDN 技术，通过业务运营方提供一个专门的私钥服务器，无须密钥证书实现数据加密回源访问。
- 机房内调用：当下服务化应用得非常广泛，每个服务之间的数据调用非常普遍，一旦内网被渗透，数据就很容易被窃取，虽然内网相对于外网暴露风险小一些，但是基于整体数据安全的考量也需要支持加密传输，例如 gRPC 添加传输层安全协议（transport layer security，TLS）证书认证。
- 跨机房传输：跨机房的传输也分为两类，一类是服务化调用，这个和机房内调用保持一致；

另一类是通过消息传输组件实现数据通信，也需要考虑加密，例如 Kafka 需要开启安全套接字层（secure socket layer，SSL）加密和认证。

（2）数据存储：存储需要重点考虑数据的脱敏、数据的加密存储以及密钥分层管理几个方面。

- 数据脱敏：脱敏分为两类，一类是静态脱敏，另一类是动态脱敏。静态脱敏就是将数据通过变形、替换、加密等方式存储到数据存储服务中，后续所有的数据访问智能获取到脱敏后的数据，这种主要应用在高级别的敏感信息字段中，例如账号名、密码等。将生产数据导入开发环境或者测试环境中也需要进行二次静态脱敏。动态脱敏是通过查询 SQL 或者逻辑处理将敏感的数据信息进行二次加工脱敏后输出，但是存储服务里存储的仍然是未修改的原始数据，这种脱敏方式在数据运维管理上应用得比较多。

- 数据加密：这里主要是指基于文件以及系统层面的加密，例如 HDFS 的数据加密空间就可实现端到端的数据加密，对客户端访问来说是透明的。这种模式主要是解决数据非法查阅或者复制的问题。

- 密钥分层管理：数据加密需要用到密钥，如果直接使用密钥更容易暴露，风险就会增加，所以一般建议采取基于 HSM 的分级密钥管理，如图 7-8 所示。其中主密钥用于对数据密钥和密钥交换密钥加密，本地存储；密钥交换密钥用于加密数据密钥以进行网络传输；数据密钥用于对数据进行加解密。

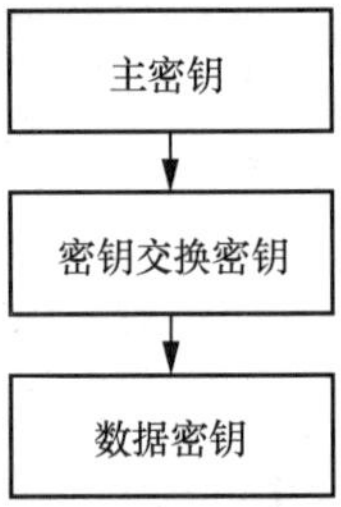

图 7-8　三级密钥管理

（3）数据访问和展示：主要包括数据的外部访问、内部运维以及数据运营展示 3 个方面。

- 外部访问：需要添加基于用户访问维度的认证，例如基于单点登录的 token 验证，另外还需要用于区分不同用户角色访问不同数据的授权控制，例如基于 OAuth 的访问授权控制。

- 内部运维：运维的常用访问方式要用到堡垒机，所以需要对堡垒机进行严格的授权访问认证。

- 数据运营展示：一般需要考虑数据的脱敏操作以及水印嵌入可视化界面，这样可实现数据传播的溯源分析。

7.3.2　数据授权及审计系统

数据存储之后会面临来自运维、业务、运营等各种角色和系统服务的访问，那么数据由哪个业务或者人员访问，他是否有访问权限，他是什么时候访问的……这些信息如果没有一个完备的系统来进行监控和审计，那么一旦出现问题则无从追溯，更不用说提前告警了。数据安全审计和认证系统首先要提供一个完整的账号及授权系统接入数据存储服务进行验证，同时需要有标准化的数据采集插件或者组件连接到数据存储服务中获取访问日志，并将日志传输到流式处理框架进行实时分析、设置分析和告警的规则，还要将分析结果存储到系统，并提供可视化的查询分析界面。它的实现架构如图 7-9 所示。

- 数据存储组件：一般包含常见的数据存储和传输系统，例如 HDFS、HIVE、HBase、Kafka 以及 MongoDB、MySQL 等。

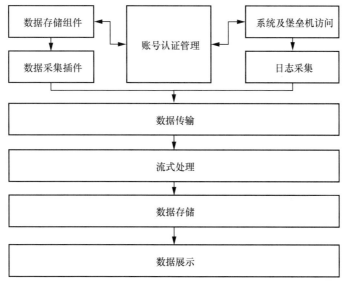

图 7-9 数据授权及审计系统

- 系统及堡垒机访问：服务器及堡垒机的访问日志信息。
- 数据采集插件：一种是大数据组件的日志采集，例如 Apache Ranger 不仅提供了对常见大数据组件的访问和权限控制，并可将访问的日志进行记录从而实现访问日志信息的采集；另一种是基于服务器系统和堡垒机的访问日志采集，这种和 7.2 节的业务日志采集一致。
- 数据传输：和业务日志传输的组件一致，例如基于 Kafka 的消息队列。
- 流式处理：日志的实时分析和规则匹配，一般可采用 Spark Streaming 或者 Flink 来实现。
- 数据存储：采用的存储组件可以是 Elasticsearch 或者 HBase，如果基于日志信息有全文索引查询需求则可采用 Elasticsearch；如果是结构化的统计数据并且数据规模很大则可采用 HBase。
- 数据展示：通用的数据展示组件，例如 Grafna 或者 Prometheus。

对于数据传输、流式处理、数据存储以及数据展示 4 个模块，可以自行选择相应的组件来进行架构实现，另外也有一些现成的解决方案，例如 Apache Eagle 就提供了这一整套的数据监控和审计解决方案。

7.3.3 数据血缘追踪

数据的血缘是指数据产生、处理、存储、分发以及消除的整个生命周期过程中所形成的一种数据与数据、数据与服务之间的关系。一般来说数据的血缘会有如下一些特点。

- 归属性：数据归属于什么业务、组织或者部门等。
- 源头性：有些数据从一个用户或者服务器产生，也有些数据是经过多个数据加工而来，所以不管是哪种方式，数据都应该具备源头性。

- 可追溯性：数据在生命周期过程中经过调用、分发以及二次处理，它们的构成关系应该具备可追溯性。
- 多层次性：数据的产生、合并、加工处理，二次形成等构成了数据血缘的层次关系。

要生成数据血缘关系图，有哪些技术手段可以用来辅助实现呢？

- 数据存储层解析：通过数据存储层的 SQL 语句、存储过程以及数据抽取脚本等进行分析识别，识别是什么数据在什么时候被什么业务获取了。
- 系统逻辑层追踪：通过在系统业务逻辑中嵌入数据收集和采集模块，例如所有的调用接口都添加对数据唯一 ID、数据字段、使用业务等信息字段的采集，并通过一个 SDK 收集并集中存储到指定的数据库进行分析。
- 机器学习：使用机器学习的方式来计算数据字段的相似度，以达到分析数据依赖及衍生关系的目的。
- 人工收集：通过人工运营指定数据之间的依赖和调用关系来进行分析，它可以作为一种补充手段来完善数据血缘关系分析。

数据血缘一旦生成，在业务各种场景中都有广泛应用，下面只列举其中的一部分。

- 数据溯源：数据溯源体现了数据的调用和继承关系，当数据出现异常或者泄露，可以通过溯源快速查找故障点或泄露点。
- 影响分析：如果数据出现异常或泄露，通过血缘关系可以评估可能影响的业务范围，以便及时止损。
- 数据价值：通过血缘分析可以清晰地看到数据的受众范围、更新的规模以及频次等，这些因素可以从某些角度反映出数据的价值。
- 数据生命周期：可以展示数据从产生到结束的各个状态，对于快接近结束状态的数据进行归档存储或者销毁，有利于数据访问的效率和性能的提升。

7.4　小结

本章主要介绍了系统监控及运维的一些工具和实现方案。首先介绍了常见的系统监控工具，例如 Zabbix 以及 Prometheus，并对常见的中间件监控系统做了一个分类介绍。接下来对业务日志监控和分析系统进行了分类介绍，其中包括日志采集和清洗、传输、转发及存储以及查询和可视化等组件的实现原理和相关方案。最后就数据安全的监控和运维做了全面的分析，对数据的全生命周期的安全监控、审计管理方案进行了详细介绍。

第三部分

架构实践案例

第三部分开始进入架构实践环节，会挑选 4 个比较经典的系统来详细讲解架构实现细节，以及其中可能碰到的一些比较有挑战性的问题，并就这些问题给出解决方案。这 4 个系统分别是账号系统、秒杀系统、消息推送系统和区块链系统。

第 8 章

账号系统

账号系统是一个 Web 系统的基石，在高并发访问的场景下，账号系统往往首当其冲，例如网络购票系统就需要在买票之前进行账号登录，那么如何有效地平衡用户使用的便利性以及系统的承载能力呢？这就涉及账号系统的架构和实现问题，典型的账号系统的功能模块如图 8-1 所示。

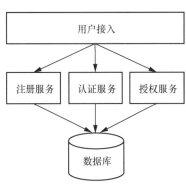

图 8-1　账号系统的功能模块

账号系统的功能模块的说明如下。

- 注册服务：接收用户的账号注册信息并存入数据库，如果在跨洲多机房场景下还需要考虑数据生成的唯一性问题，例如昵称的唯一性等。
- 认证服务：接收用户的账号密码验证请求，并验证是否正确，正确则构建会话返回用户实现正常登录访问。
- 授权服务：出于对业务访问权限控制的考虑，不同的用户需要有不同的权限，这样就衍生出基于用户角色的业务访问范围控制，这就是账号授权的业务功能。

8.1　系统整体架构

本节重点介绍账号系统的各个模块架构详情，以及在这些模块里可能的优化方案。

8.1.1　注册服务

注册服务相对于账号系统的其他两个功能在高并发场景中的要求要弱一些，所以实现的架构也相对比较简单一些，典型的账号注册服务架构如图 8-2 所示。

注册服务架构的主要功能模块的说明如下。

- 验证码：提供基于邮箱地址或者手机号码的验证码生成及发送服务，以保障写入的通信方式是有效的。
- 信息校验：信息校验包括两个部分，一是所填信息的有效性，如邮箱地址或者手机号码的格式和后缀的有效性，邮箱地址的有效性一般是指某些注册要求只能使用一些指定邮箱地址后缀进行注册，以防止恶意邮箱地址后缀进行僵尸账号注册，而手机号码是指其号码的有效性，例如在新加坡注册其号码要满足新加坡号码的位数要求；二是用户触发的手机或者邮箱的验证码信息的校验，这经常会出现一些逻辑漏洞，例如验证码不与对应的账号进行绑定、时效性的校验不严格、验证次数没有限制等，这些逻辑漏洞可能被一些非法攻击者利用而实现大规模的僵尸账号注册。

- 过滤及去重：每个账号的指定字段信息必须是唯一的，例如用户名、手机号码、邮箱地址等，每个注册上来的信息需要对这些唯一字段在已有的数据库中进行过滤和去重。
- 数据入库：注册后的用户信息写入数据库的操作。

上面介绍的只是一个简易的账号注册服务架构，如果业务需要拉新，并且通过一个活动导流到注册页面，这时系统可能就会承受更大的并发请求流量，那么显然这样的一个简易架构无法满足，针对这种情况，一个优化后的账号注册服务架构如图 8-3 所示。

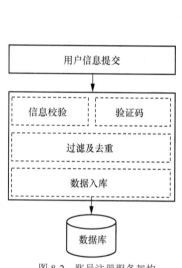

图 8-2　账号注册服务架构

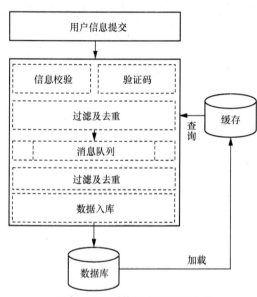

图 8-3　优化后的账号注册服务架构

架构的优化主要体现在下面几个方面。

- 消息队列：在过滤及去重模块和数据入库模块之间添加了消息队列模块，从而实现异步化数据入库，降低数据库的入库压力，提升用户注册信息提交的处理性能。
- 缓存：对于已有的账号数据，将其添加到缓存，方便过滤及去重模块的获取，它分为两部分，一部分是存量数据，可通过脚本主动加载到缓存；另一部分是增量数据，这些数据只要入库就异步触发一次写入缓存操作。
- 二次过滤及去重：这个模块和消息队列前的过滤及去重功能一致，它解决的是在消息队列传输过程中出现的新数据写入导致的去重不彻底的问题，并且这次的过滤及去重直接从数据库获取来判断，以保障账号的唯一性。

那么为什么不只保留最后一个过滤及去重模块呢？主要是考虑到用户体验问题，第一个过滤及去重发现账号重复可以直接返回用户告知其账号已存在，这个过程可以过滤掉大多数的账号重复提交，但是只保留第二个过滤及去重就会导致大量出现相同账号提交的用户在注册信息时没有收到提醒的情况，等到系统慢慢处理到这个账号时发现重复，只能通过邮件或者手机信息来告知用户，这在体验上不够友好。

8.1.2　认证服务

认证服务的主要功能包括账号密码校验以及用户登录态信息的构建，以方便用户在系统认证后的指定有效时间范围内实现连续访问。它的一个简易架构实现如图 8-4 所示。

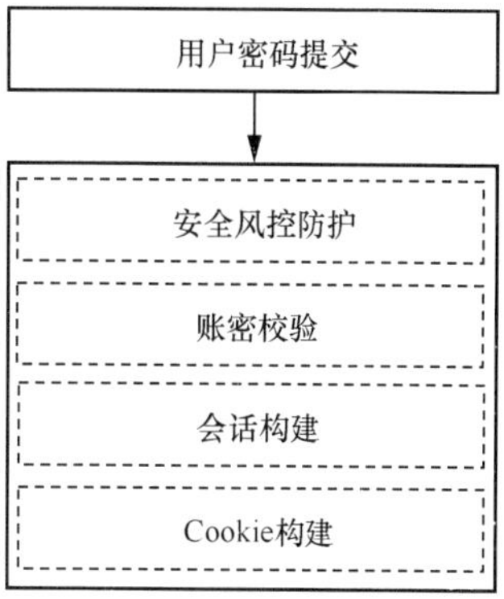

认证系统的 4 个典型模块的功能介绍如下。

图 8-4　认证服务架构

- 安全风控防护：提供账号认证场景下的风控防护，例如账号爆破、账号失陷异常检测等，这些是风险识别功能；另外还需要提供风险防御功能，例如常见的认证频次限制、手机或邮箱的二次验证以及时下比较流行的图片点击或者行为拖动验证等。

- 账密校验：验证账号和密码是否匹配，由于密码都需要不可逆加密存储，因此密码加密后要保障唯一性，例如基于原密码加盐干扰后进行多次 MD5 等哈希算法操作，密码的验证也是采取这种方式对原密码加密后匹配验证。

- 会话构建：用户认证后需要在服务器端构建一个登录态信息，这个信息一般存储在会话里面，会话的存储有本机内存和分布式存储等多种方案，具体会话的存储方案在 8.2.1 节会进行介绍。

- Cookie 构建：Cookie 的目的是保障用户的每次访问能够依据客户端的唯一标识关联到服务器端的信息，一般 Cookie 存储的信息和会话信息是键和值的对应关系，键写入 Cookie 中，例如基于用户 ID、时间等信息进行 MD5 加密操作，生成一个唯一登录标识。另外 Cookie 的构建还需要考虑到跨域构建问题。

跨域 Cookie 的构建存在于多个域名业务使用同一个认证系统的业务场景，这个认证系统被称为单点登录系统。实现跨域认证访问，一般有两种方案。

1. 多域名自建 Cookie

这种方式是指每次用户需要访问某个域名时，如果发现服务器端没有会话的登录态信息，则重定向到单点登录服务，单点登录构建一个 token 信息返回给指定域名，它的架构如图 8-5 所示。

用户首先访问域名 1，发现没有登录信息，则直接将用户定向到单点登录系统，用户登录后将构建的 token 返回给域名 1 服务器，域名 1 服务器对自己的域名进行 Cookie 构建，以及构建对应的会话信息，这样用户就完成了对域名 1 的访问。后面用户又需要访问域名 2，这时域名 2 系统没有该用户的登录信息，则仍然将用户定向到单点登录系统，循环域名 1 的用户登录流程完成域名 2 的登录态和 Cookie 构建，其他域名访问以此类推。

token 的返回有两种方式，一种是返回用户访问的业务域名时在 URL 中带上 token，业务系统拦截这个 URL 并将 token 解密后获取用户信息进行会话和 Cookie 构建。另一种是返回的时候不带用户信息的 token，而只返回该用户 token 的唯一标识，业务系统获取到这个唯一标识后通过服务器之间的内部调用接口获取用户的登录信息，并在本机构建会话和 Cookie。前一种方式的最大问题在于 token 的劫持，一旦攻击者劫持后破解了 token 信息，就可以随意伪造，同时也存在信息泄露的风险。

2. 单点登录自建多域名 Cookie

这种方式和前面的方式刚好相反，即所有域名的 Cookie 由单点登录系统来构建，但是单点登录系统一般只有一个域名，如何构建多域名的 Cookie 呢？先看一下它的架构，如图 8-6 所示。

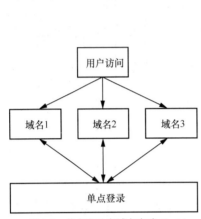

图 8-5　单点登录多域名自建 Cookie

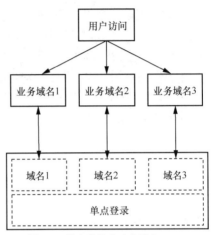

图 8-6　单点登录自建多域名 Cookie

通过为单点登录系统映射所有的域名访问，例如图 8-6 中 3 个业务域名在单点登录中分别对应 3 个域名，例如 login.1.com、login.2.com、login.3.com。当用户对域名 1 进行访问时，发现没有登录信息，仍然定向到域名 1 的单点登录系统，这时单点登录系统按照流程将用户登录态和 Cookie 全部构建起来，返回到客户端页面，这时页面需要自动访问 3 个域名的登录接口，并且带上 Cookie 的信息，这样服务器就可以对 3 个域名逐个进行 Cookie 设置了。这时用户再访问域名 2 则可以直接可以依据 Cookie 信息在后台构建用户登录态，无须再次定向到单点登录系统。

8.1.3　授权服务

授权服务依赖认证服务，通过认证服务提供账号信息，并依据账号信息分配不同的权限，它的架构实现如图 8-7 所示。

授权服务的几个核心功能模块介绍如下。

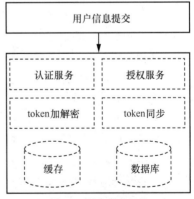

图 8-7　授权服务架构

- 认证服务：提供用户账号和密码校验及账号信息获取服务。

- 授权服务：通过读取数据库存储的业务或者个人角色信息来分配对应用户信息的获取权限，例如内部核心业务

可获取用户所有信息字段，内部非核心业务只能获取昵称、头像、手机号码和用户 ID 等

字段，而外部业务只能获取用户 ID、昵称、头像信息等。

- token 加解密：token 是用户获取认证信息后的唯一标识，它在存储中对应业务的角色权限以及用户信息。
- token 同步：这个在多机房场景下出现，每个机房分配一些流量对应用户接入，但是基于高可用的考虑，当一个机房出现故障时会将流量导入另外的机房，这时就需要考虑用户在不同机房的状态保持一致，它的实现方案就是采取 token 同步。
- 缓存和数据库：缓存主要是应对 token 的存储，因为所有的授权验证都基于 token，访问量视业务情况会有不同，但是一般来说授权服务和认证服务一样，也是由一个系统来统一提供，类似中台化，当所有业务都需要过来授权获取时则访问量可能会很大，例如手机系统里厂商提供的所有自有 App 的账号授权服务，任何一个登录态用户对这些 App 的操作都需要授权，并发量会很高，这时 token 要考虑在缓存中存储。另一些数据是需要落地存储在数据库中的，例如权限的配置、某些业务和人员配置什么权限等。

8.2 关键问题及解决方案

账号系统中的关键问题主要是会话粘连、数据一致性处理等，账号系统非常重要，是所有系统的门户，而出现故障的时候，如何保障用户的安全有效认证也非常重要，本节最后会介绍如何安全实现账号系统降级的一些方案。

8.2.1 会话粘连问题

会话是账号系统的基础，在第 6 章也谈到了会话的粘连问题，一般会话的实现会经历如下几个阶段。

（1）早期的单机账号系统服务，会话信息全部保存在服务器内存中，这时访问会话信息也很快，用户体量也不大，内存足以存储用户登录信息。这个阶段的会话信息无须粘连问题处理。

（2）用户规模增大，单机已无法满足账号登录性能的要求，这时系统开始水平扩容，出现了多个服务器保存账号登录信息的情况，指定的每个用户登录信息在每次操作时需要保持一致，不能出现本次登录在一台服务器上保存了登录态而下次登录在另一台服务器上却没有登录态信息的情况。这时就需要会话粘连处理，例如采取 Nginx 的 IP 会话粘连，只要每个用户的访问 IP 不变就可映射到固定的服务器处理，当然用户也有可能会出现访问 IP 变更，这时就需要采取会话信息同步或者集中存储。

（3）会话信息同步，将在各个服务器上产生的会话信息进行多向同步，以保障每台服务器的会话信息一致，但是这种模式也只是最终一致，而无法保障实时一致。

（4）集中会话存储，例如采取分布式会话存储模式，它的实现模式和图 6-3 一样。它将用户存储信息剥离开来，保障了业务逻辑服务器和会话服务的独立性，便于后续的扩容以及解决实时数据一致性问题，是当前应用较为广泛的一种做法。

下面来介绍一种基于 Redis 的分布式会话实现方案。实现方案的流程包含如下 3 个步骤。

（1）对 HttpSession 自定义实现。

（2）对 HttpServletRequestWrapper 自定义实现。

（3）对过滤器自定义实现，过滤所有需要会话信息的请求，方便业务逻辑直接获取会话信息。

下面逐一介绍这 3 个步骤。

对 HttpSession 自定义实现的目的在于将会话的操作全部拦截，并将信息的变更写入指定的分布式存储组件中，如 Redis。它的实现如代码清单 8-1 所示。

代码清单 8-1　HttpSession 自定义实现

```
1.    public class HttpSessionWrapper implements HttpSession {
2.
3.        private HttpSession session;
4.        private String sessionId;
5.
6.        public HttpSessionWrapper(String sessionId, HttpSession session) {
7.            this.session = session;
8.            this.sessionId = sessionId;
9.        }
10.
11.       public Object getAttribute(String key) {
12.           return DistributeContainer.getSessionService().getSessionAttribute(
13.                   sessionId, key);
14.       }
15.
16.       public Enumeration getAttributeNames() {
17.           Map<String, String> session = DistributeContainer.getSessionService()
18.                   .getSession(sessionId);
19.           return (new Enumerator(session.keySet(), true));
20.       }
21.
22.       public void invalidate() {
23.           DistributeContainer.getSessionService().removeSession(sessionId);
24.       }
25.
26.       public void removeAttribute(String key) {
27.           DistributeContainer.getSessionService().removeSessionAttribute(
28.                   sessionId, key);
29.       }
30.
31.       @SuppressWarnings("unchecked")
32.       public void setAttribute(String key, Object value) {
33.           if (value instanceof String) {
34.               DistributeContainer.getSessionService().setSessionAttribute(
35.                       sessionId, key, (String) value);
36.           } else {
37.               logger.warn("session unsupport not serializable string." + "[key="
38.                       + key + "]" + "[value=" + value + "]");
39.           }
40.       }
41.
42.       @Override
43.       public String getId() {
44.           return sessionId;
```

```
45.      }
46.
47.  }
```

其中 DistributeContainer 的功能是实现对 Redis 操作对象的获取，这样所有的关于会话的操作就可以全部通过 Redis 的存取接口来实现。

对 HttpServletRequestWrapper 自定义实现的目的在于从请求获取会话的时候新建一个上述自定义的会话类，它是对原生会话的一个包装器实现，它的实现如代码清单 8-2 所示。

代码清单 8-2　HttpServletRequestWrapper 自定义实现

```
1.    public class HttpServletRequestWrapper extends javax.servlet.http.
      HttpServletRequestWrapper {
2.    private String sessionId = "";
3.
4.    public HttpServletRequestWrapper(String sessionId , HttpServletRequest
      request) {
5.        super(request);
6.        this.sessionId = sessionId;
7.    }
8.
9.    public HttpSession getSession(boolean create) {
10.       return new HttpSessionSessionIdWrapper(this.sessionId, super.getSession
          (create));
11.   }
12.
13.   public HttpSession getSession() {
14.       return new HttpSessionSessionIdWrapper(this.sessionId, super.getSession());
15.   }
16.
17.  }
```

接下来就是自定义一个过滤器，对所有需要登录态的请求进行过滤，设置包装后的请求和会话信息，代码如代码清单 8-3 所示。

代码清单 8-3　过滤器自定义实现

```
1.    public class DistributeSessionFilter implements Filter {
2.    private final static Logger logger = LoggerFactory
3.            .getLogger(DistributeSessionFilter.class);
4.
5.    private String sessionIdName = "DSESSIONID";
6.
7.    private String cookieDomain = "";
8.
9.    private String cookiePath = "/";
10.
11.   private List<String> excludeUrl = new ArrayList<String>();
12.
13.   public void doFilter(ServletRequest servletRequest,
14.           ServletResponse servletResponse, FilterChain filterChain)
15.           throws IOException, ServletException {
16.       HttpServletRequest request = (HttpServletRequest) servletRequest;
17.       HttpServletResponse response = (HttpServletResponse) servletResponse;
```

```
18.            String uri = ((HttpServletRequest) request).getRequestURI();
19.            //是否是需要过滤的 url
20.            if (this.excludeUrl != null && this.isMatchExcludeUrl(uri)) {
21.                filterChain.doFilter(request, response);
22.                return;
23.            }
24.
25.            //设置 cookieDomain
26.            initCookieDomain(request);
27.
28.            //构建自定义的请求和 session 信息
29.            HttpServletRequestWrapper httpServletRequestWrapper = null;
30.            String sessionId = getSessionId(request, response);
31.            httpServletRequestWrapper = new HttpServletRequestWrapper(sessionId,
               request);
32.
33.
34.        try {
35.                filterChain.doFilter(httpServletRequestWrapper, response);
36.            } catch (Exception e) {
37.                logger.error(e.getMessage(), e);
38.            }
39.        }
40.
41.
42.
43.    private void initCookieDomain(HttpServletRequest request) {
44.            String serverName = request.getServerName();
45.            if(StringUtils.isNotBlank(serverName)){
46.                //用请求域名提取一级域名地址，并设置 cookie 的域名
47.                cookieDomain = "domain";
48.            }
49.        }
50.
51.
52.        //生成 sessionId
53.        private String getSessionId(HttpServletRequest request,
54.                HttpServletResponse response) {
55.            Cookie cookies[] = request.getCookies();
56.            Cookie sCookie = null;
57.            String sessionId = "";
58.            if (cookies != null && cookies.length > 0) {
59.                for (int i = 0; i < cookies.length; i++) {
60.                    sCookie = cookies[i];
61.                    if (sCookie.getName().equals(sessionIdName)) {
62.                        sessionId = sCookie.getValue();
63.                    }
64.                }
65.            }
66.
67.            if (sessionId == null || sessionId.length() == 0) {
68.                sessionId = java.util.UUID.randomUUID().toString();
69.                response.addHeader("Set-Cookie", sessionIdName + "=" + sessionId
70.                        + ";domain=" + this.cookieDomain + ";Path="
71.                        + this.cookiePath + ";HTTPOnly");
72.            }
```

```
73.            return sessionId;
74.        }
75.
76.
77.
78.    public void init(FilterConfig filterConfig) throws ServletException {
79.        this.cookieDomain = filterConfig.getInitParameter("cookieDomain");
80.        if (this.cookieDomain == null) {
81.            this.cookieDomain = "";
82.        }
83.        this.cookiePath = filterConfig.getInitParameter("cookiePath");
84.        if (this.cookiePath == null || this.cookiePath.length() == 0) {
85.            this.cookiePath = "/";
86.        }
87.        String excludeUrlsString = filterConfig.getInitParameter("excludeUrls");
88.        if (!StringUtil.isEmpty(excludeUrlsString)) {
89.            String[] urls = excludeUrlsString.split(",");
90.            this.excludeUrl = Arrays.asList(urls);
91.        }
92.    }
93.
94.    private boolean isMatchExcludeUrl(String uri) {
95.        if (StringUtils.isEmpty(uri)) {
96.            return false;
97.        }
98.        // 修复类型匹配规则
99.        for (String regexUrl : this.excludeUrl) {
100.            if (uri.endsWith(regexUrl)) {
101.                return true;
102.            }
103.        }
104.        return false;
105.    }
106.
107.    public void destroy() {
108.        this.excludeUrl = null;
109.        this.cookieDomain = null;
110.        this.cookiePath = null;
111.    }
112. }
```

8.2.2　数据一致性实现方案

　　账号系统下的数据一致性主要讨论的是两个场景，一个是用户基本信息的一致性，例如用户名、昵称等；另一个是用户认证信息的一致性，例如用户在多机房下的 token 同步最终一致性。第二个场景的实现方案在 5.1.1 节介绍过，这里就第一个场景的解决方案做一个说明。

　　在单数据库存储账号信息不会存在第一个场景的问题，注册的用户信息每次提交后在数据库直接验证，如果发现有重复则直接提示用户信息已存在。但是在国际化多机房场景下，如果业务要求用户账号实现全球可登录，就会涉及数据一致性校验的问题，例如在其中一个国家注册的账号信息在另一个国家就不能使用，也就是保障全球数据唯一性的问题。针对这个问题，一种实现方案是采取单一数据源，不管用户在全球哪个区域都需要回源到指定机房注册或者登录验证，一般跨洲访问时延高达几秒，用户显然无法接受这种方式。另一种方案是在本地再建设一个数据中心，就近存储用户信息，这样用户的注册或者登录都到本地机房写入或者验证，响应性能要比前一种方案高几倍甚至几十倍，但是这就存在一个潜在的问题，即全球需要建设多个数据存储中心，并且用户在任何一个数据存储中心都需要可登录，这又会涉及数据同步，如果存在冲突还需要解决最终一致性问题。

如何解决这个问题呢？可采取本地验证全球仲裁的方案，具体实现方案架构如图 8-8 所示。

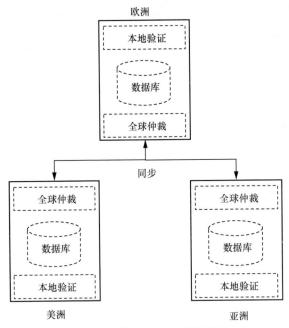

图 8-8　账号系统全球一致性架构

本地验证：每个区域的用户信息首先接入本地机房，例如，中国用户注册会接入亚洲机房，每个机房的本地验证接收来自用户的注册信息，并在本地数据库查询判断是否存在重复，如果没有重复则先写入本地数据库，并触发全球仲裁模块发起全球数据机房的验证。

全球仲裁：每次仲裁都会分为两种角色，即 Leader 和 Follower。如果任何一个机房有本地用户注册写入则将本地的全球仲裁模块设置为 Leader，其他机房的全球仲裁模块就自然成为 Follower。它们的处理流程如下。

（1）Leader 会负责发起仲裁请求，请求信息包含两个部分，一部分是封装用户注册的唯一字段信息，例如用户名或者昵称等，另一部分是时间戳、机房标识、请求发起的角色类型等。

（2）每个 Follower 接收到仲裁请求后会将信息在本地数据库进行校验，校验时需要查看字段以及时间戳两个属性，如果字段有重复或者时间戳比本地晚的就构建一个仲裁不通过的响应体，响应体同时还带上请求和响应机房标识以及响应机房角色等信息。

（3）Leader 接收每个 Follower 的响应信息，如果发现其中有不通过的响应体，则将数据库的存储信息进行回滚或者标记为不可使用，并通知用户注册信息存在重复，请重新提交。只有所有机房的 Follower 角色全部返回通过标识才让本地化的数据落地，同时 Leader 广播仲裁通过结果以及用户的注册信息。

（4）所有 Follower 接收到 Leader 的仲裁通过结果后，将用户注册信息写入本地数据库，以实现数据同步。

以上就是整体仲裁的过程，但是还有几个细节问题需要说明一下。

问题 1：如何保障全球时间戳一致性？

数据的先后顺序决定了用户信息的存储与否，而先后顺序全部依赖各个机房的本地时间，虽然可以转换为国际标准时间，但是本地服务器时间也会有偏差。一般可采取全球时钟一致性校验方案，例如所有机房以亚洲某个机房的时间为准，定时进行全球机房时间校验和同步，保障时间的差异在可容忍的范围之内。

问题 2：全球手机号码、邮箱地址以及用户 ID 如何保持唯一？

对于手机号码，可通过添加一个国家标识码进行区分，而同一个国家的用户一定是在一个固定机房注册，数据同源，所以不会出现分叉现象。对于邮箱地址，假设一个邮箱不会同时在多个不同的机房注册，而这个假设在正常的业务场景下是完全成立的，视业务对数据一致性的要求程度，如果要求很高也可采取上述仲裁方案实现。对于用户 ID，可采取分段划分或者前缀标识划分，例如将 10 亿以内的 ID 分配给亚洲、10 亿至 20 亿的分配给欧洲、20 亿至 30 亿的分配给美洲，后续有增加可再递增，例如 30 亿至 40 亿分配给亚洲等。

问题 3：回滚后如何通知用户？

一般这种仲裁场景是账号名或者昵称的修改，尽量不要将这种需要仲裁的字段放在注册页面，注册页面只填写手机号码或者邮箱地址等本身唯一的字段，而这种全球仲裁的字段放在注册成功后的账号修改页面，如果仲裁发现不通过则可通过账号主页的小提示来告知用户信息修改不通过，请重新修改，这样可有效提升用户注册体验。

8.2.3 如何实现安全降级

在账号系统下讨论降级仍然可以分为两种场景，一种是基于系统层面的降级，例如系统在多机房环境下的 token 信息的获取，如果其中一种调用方式出现故障，应该如何降级或者选路；另一种就是 token 信息本身的降级，例如 token 存储在缓存中，但由于网络或者缓存组件自身的故障导致其无法访问，如何在不从缓存获取 token 信息的情况下完成用户认证。

第一种场景的流程描述是这样的，假设一个用户在华东机房登录生成了一个认证 token，但用户请求到华南机房访问电商服务，这时华南机房的电商服务就需要到华东机房获取 token 进行授权，假定系统默认采取的是 RPC 方式获取 token，这时刚好 RPC 组件出现故障，如果没有提供其他可调用的方式，则电商系统无法授权成功，所以在跨机房调用场景下最好的做法就是提供多通路选择，例如除了基于机房间专线的 RPC 服务，还可提供机房间专线的 HTTP 服务以及外网线路的 HTTP 服务，并旁路对这些线路的接口进行监测，监测点可包括连通性及时延等几个方面，其中一条通路出现故障时可依据这些监测点进行智能动态选路。

第二种场景降级前后的示意如图 8-9 所示。

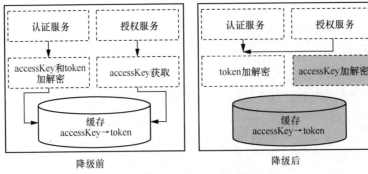

图 8-9　token 降级前后示意

　　降级前用户认证生成 accessKey 和 token，其中 accessKey 是放在用户业务端传递 token 信息的唯一标识，而 token 是具体包装了用户的登录态信息字段，它们以键值对的形式存储在缓存中，当授权验证时只需要 accessKey 即可从缓存中查询对应的 token 信息，并提取其授权关系信息。

　　出现缓存无法访问的情况时，系统降级，如图 8-9 右图所示，用户认证只生成降级 token，并且设置一个全局变量记录在数据库中标识机房的 token 已降级，业务之间的传输也不再是 accessKey，而是直接使用 token，当用户需要授权时解密 token 信息，其中 token 除了包含用户基本信息，还会有降级标识以及 token 的失效时间，在校验 token 之前先获取 token 是否已降级的标识，如果存在这个标识，则直接解密 token 信息，将解密后的失效时间进行校验，如果在有效时间范围内则直接使用解密后的 token 信息进行授权。全程无须使用缓存验证。另外考虑到 token 可能会被破解篡改，所以可考虑将失效时间单独使用另一种算法进行加密后再写入 token。

8.3　小结

　　本章主要介绍了账号系统中的注册、认证及授权 3 个典型服务的架构实现，并就系统面临的几个关键问题（例如会话的粘连问题、数据一致性实现方案以及系统如何实现安全的降级）进行了详细的分析，并提出了相应的解决方案。

第 9 章

秒杀系统

秒杀系统在互联网系统中有着举足轻重的作用，也是应对高并发系统的典范，例如网络购票系统以及电商双十一的特价抢购系统都是秒杀系统。秒杀系统每到这些时间，无不面临着巨大的流量请求压力，如何提升这些系统的并发处理能力是每年技术架构峰会上的热门议题。

秒杀系统的分层架构如图 9-1 所示。秒杀系统简要地概括来说也和其他系统一样，由如下几层组成。

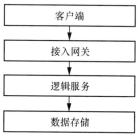

图 9-1　秒杀系统的分层架构

- 客户端：移动以及 Web 客户端页面发起秒杀请求。
- 接入网关：客户端的请求由接入网关接入，它会负责所有的流量接收，是服务器端流量的入口，这一层是秒杀系统流量削减的关键环节。
- 逻辑服务：包含系统的订单创建、库存的扣减以及支付系统的实现。
- 数据存储：存储着系统的订单、库存以及支付详情等，这其中包括缓存以及数据库存储两个层面。

9.1　系统整体架构

秒杀系统的整体架构还是按照图 9-1 所示的分层进行细化，除去客户端，服务器端细化后的架构如图 9-2 所示。

由于系统的目标是提升整体系统的响应和并发处理能力，而前面的接入网关以及逻辑服务都是为了这个目标而设计、优化的，因此下面就针对接入网关、逻辑服务中的订单及库存扣减系统以及支付系统分别进行讲解。

图 9-2 秒杀系统服务器端细化架构

9.1.1 接入网关

接入网关主要包括对用户请求流量的限流、防刷的安全服务、业务的放号策略,这其中涉及的技术主要是缓存服务和消息队列。本节重点介绍接入网关的两个核心模块:限流集群和防刷服务。

1. 限流集群

限流集群的特点是需要保持轻量,方便扩展,一般限流集群的实现方案有以下两种。

方案 1:Nginx+Lua 实现。

利用 Nginx 的高并发和可扩展的特性,同时利用 Lua 脚本实现一些简单的计数、令牌等模块,在接入层可实现数千万级的抢购预约,它的架构实现如图 9-3 所示。

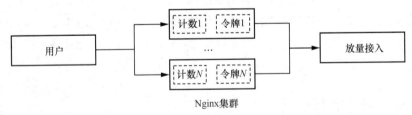

图 9-3 Nginx+Lua 的限流集群实现

用户每次请求到限流集群会实现两类计数,一类是单用户按照时间维度的计数,例如一个用户 30 秒之内只能请求一次;另一类是整体系统接收的计数,例如整个系统有 1 万个待抢购商品,如果按照抢购人员和商品之间 200∶1 的比例,就需要放入 200 万用户,这 200 万用户再按照 2 小时平均放入,那么每小时的限制数量就是 100 万。另外在限流集群还需要实现一个令牌服务,只有获取到限流集群的令牌而进入放量接入服务的用户才会被认可,这个令牌服务需要离线生成，在线实时获取。例如刚才提到的每小时限量 100 万，就需要先导入 100 万的令牌到限流集群，形成一个令牌池，通过了前面计数的用户就从令牌池里获取一块令牌，再进入放量接入集群。

Nginx+Lua 模式轻量且其可扩展性也非常强，只需要按照比例添加 Nginx 服务器并导入 Lua 模块，但是这种模式也存在一个较为明显的问题，那就是 Lua 脚本的维护和动态变更比较烦琐，会大大降低系统处理的效率。这就衍生出另一种限流集群——可配置限流集群。

方案 2：实现可配置限流集群。

这种模式可依托一个 Web 系统来实现，例如 Jetty 作为服务器，采用 Java 开发一套可配置的限流接入服务，它的实现如图 9-4 所示。

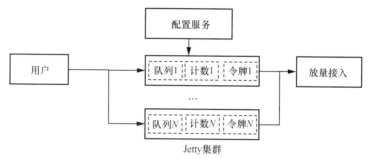

图 9-4　可配置限流集群的实现

模块的限流功能和图 9-3 的基本一致，只是额外提供了一个配置服务，为计数或者令牌提供动态化的配置服务。另外所有的用户请求过来后需要实现一个队列，对所有请求的用户进行排队处理，队列的大小可按照放入数量进行动态配置，当队列排满后就可丢弃后续入队的请求。

2. 防刷服务

防刷服务实现了对恶意用户的识别和甄选，例如一些黑灰产业者为了薅羊毛，经常会利用大量的僵尸账号来参与秒杀抢购，采取的大多数方式是通过脚本或者工具请求，也会有一些真人点击。防刷服务就需要识别出这部分恶意用户行为，例如基于用户画像、用户客户端行为特征以及请求流量特征等进行建模识别，这里简要地介绍一下。

- 用户画像：例如用户在应用中的活跃时间段、活跃时间占全天的比例、活跃时间分布，头像信息、邮箱信息、账号信息是否有一些随机性等。
- 用户客户端行为特征：例如全屏幕鼠标滑动时间序列值、键盘按键次数、鼠标点击的次数、本次场景操作的时间、鼠标按键的频率、鼠标点击的频率。
- 请求流量特征：例如创建的 HTTP 连接数、HTTP 的连接方法、HTTP 请求有无 Referrer（反向链接）、HTTP 请求有无用户代理（user agent）等。

9.1.2　订单及库存服务

回想一下用户秒杀的流程是怎样的？首先用户接入，如果有商品则点击抢购，抢购成功则创建订单，接着订单生成扣减库存，最后等待用户支付订单。这是用户操作的流程，从业务层面上来看商品不能超卖，也不能少卖。为了实现这个功能，在订单、库存和支付的配合上就可以形成以下 3 种实现方案。

1. 下单后扣减库存再支付

所有通过限流集群获取到秒杀资格的用户首先会生成一个订单，之后再扣减库存，最后进行支付。每个用户的订单生成和库存扣减操作是连带在一起实现原子操作的，即订单创建成功一定会进行库存扣减，否则就不进行库存扣减，如图 9-5 所示。

图 9-5　下单后扣减库存再支付示意

这种模式由于订单生成和库存扣减原子操作，只要有订单就扣减库存，不会造成超卖，但是用户如果恶意下单，最后不支付，虽然不会超卖，但是最后会有库存而造成少卖。另外用户的订单生成一般都是数据库的操作，如果放量接入的数量比较大，这一操作会成为系统的瓶颈。

2. 下单后支付再扣减库存

用户接入后先进行订单生成，生成后就立即进行支付，只有支付成功的用户才会扣减库存。也就是订单生成和支付是连带在一起实现了原子操作，如图 9-6 所示。

图 9-6　下单后支付再扣减库存示意

这种模式由于用户先支付再扣减库存，因此不会造成少卖，但是会出现支付后无法扣减库存的问题，也就是支付之后才发现商品已经卖完了，这种就是超卖的问题，同时用户的订单生成和支付都需要进行数据库操作，这也会大大降低系统的处理性能。

3. 预扣库存及定时支付

再来回顾一下业务的诉求，即商品不超卖也不少卖，同时要提升用户的秒杀性能。那么如何实现呢？首先将商品的库存进行预先扣减，也就是用户只要放量接入后就先扣减库存，再将用户发送到消息队列异步生成订单，接着让订单保持一个有效期，这样通过预扣库存保障业务不超卖，但是用户的订单可以保持一个有效期，过期后库存自动释放，这样也保障了不少卖，最后用户的秒杀操作扣减库存可在缓存进行，而需要数据库的操作通过消息队列异步完成，提升了用户秒杀的性能，它的示意如图 9-7 所示。

图 9-7　预扣库存及定时支付示意

这种模式下提升秒杀性能的重点在于库存扣减的性能提升，如何提升呢？如果采用数据库进行扣减显然性能非常有限，这就需要一种可在内存级实现库存扣减的方案，如图 9-8 所示。

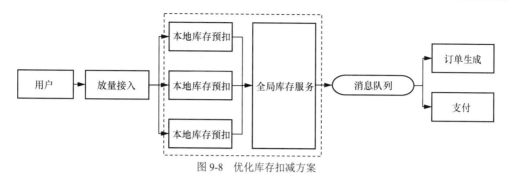

图 9-8 优化库存扣减方案

放量接入的用户，先分发到每个本地库存处理服务，本地库存会从全局库存中分配，例如将 1 万的库存量分配到 10 台服务器上，每台服务器就分配到 1000 库存量，出于库存扣减的性能考量，所有用户先从本地扣减库存，这样肯定不会超卖，但是会有另一种情况导致少卖，例如其中一台服务器先获取到了本地的库存，但是由于系统故障导致它无法提供服务了，这时本地的库存就无法卖出，从而出现少卖的情况。为了解决这个问题，可以实现一个全局库存服务，它不仅为所有的库存扣减服务器提供全局的库存分发，同时也提供库存的确认，只有本地库存及全局库存全部扣减成功才可进入消息队列生成订单。这样如果本地服务器出现故障，它在全局库存服务里面还会有剩余，就可以转移到其他服务器处理，当此服务器恢复后本地如果有库存再去全局库存扣减时就会发现已没有库存，返回用户提示已没有库存。全局库存的实现可采取 Redis，它有着超强的并发处理能力。为什么需要本地库存和全局库存两个模块，而不是只需要一个全局库存服务就可以了呢？这还是出于流量削减的考虑，如果本地库存没有了，剩下的请求进入用户就无须再到全局库存验证，而是直接返回即可，如果只有全局库存就会导致任何用户都会请求到全局库存，导致全局库存的压力过大。

9.1.3 支付服务

支付系统一般需要包含支付、网关、账务等模块，它的架构如图 9-9 所示。

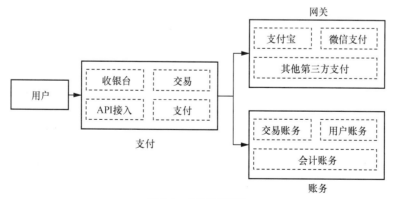

图 9-9 支付系统架构

支付系统架构中包含的几个重要模块及功能说明如下。

- 支付：涵盖了收银台、交易、支付以及 API 接入等模块，详细说明如下。
  - 收银台：提供各种支付方式的界面，是一个支付详情页面，供用户对支付方式进行选择。
  - 交易：定义一些交易规则的处理，例如交易的各个状态和流程，以及在该状态下可执行的一些操作，例如等待买家付款的情况下可以变更交易金额或者放弃该笔交易等。
  - API 接入：独立的支付 API，它主要是实现后期资金的对接和流转，同时包括用户发起的退款操作的资金回退，当然也包含一些交易详细订单的查询等。
  - 支付：定义支付的组合方式，例如红包、折扣、代金券等。
- 网关：用于对接银行支付通道以及互联网常见的支付通道。
- 账务：定义所有交易账务、用户账务和会计账务等。

9.2 关键问题及解决方案

秒杀系统的关键问题主要是，面对高并发的流量如何进行流量模型优化，以及解决订单场景下的库存扣减一致性问题和支付场景下的热点账户冲扣性能问题。

9.2.1 如何优化流量金字塔模型

什么是秒杀系统的流量金字塔模型呢？先回顾一下图 9-1 所示的秒杀系统的分层架构，按照用户操作的先后流程，分别是客户端、接入网关、逻辑服务以及数据存储几个阶段，而用户的流量也正是按照这几个阶段逐层递减，进而形成一个秒杀系统的流量金字塔模型，如图9-10所示。

图 9-10 秒杀系统的流量金字塔模型

流量金字塔模型的目标是保障只有库存数量的用户进入数据存储层进行商品获取，在这个基础之上尽量降低每层的流量压力，为了达到这个目标就提出了一个新的问题，如何优化流量金字塔的模型？可以从以下几个方面进行优化。

1. 客户端

客户端的优化主要包括点击限制和伪请求触发两个方面。

- 点击限制：例如在产品层面用户点击抢购按钮后，按钮直接置灰，禁止用户的重复提交。另外从 JavaScript 层面需要考虑如果出现用户重复提交的情况则每隔指定的时间再请求一次，除此之外的请求全部丢弃。
- 伪请求：例如春晚的摇一摇抢红包，用户本地会不断地摇，如果只是拒绝用户请求，提示用户摇的频率过高，显然不太合适。这时在用户层面仍然响应用户，只不过在距离下一次发起真实请求之前都是伪请求，响应的也是本地直接构造的响应信息。

2. 接入网关

正常情况下用户是通过客户端逐个点击，手动操作进行秒杀抢购，但是除此之外还有一些其他方式，例如一些成熟的"黄牛"会采取一些自动化脚本和工具对接口进行访问，这时接入层就需要进行拦截。

优化需要基于两个层面，一个是用户的秒杀行为，也就是购买行为；另一个就是商品的余量展示。对于第一种情况，可以基于用户 ID 的维度进行限制，例如每 2 秒只允许一个用户进入，这个也是在 9.1.1 节讲述的计数模块功能。对于第二种情况，如果用户每次的请求商品都需要实时从数据库查询再更新，数据库的压力会巨大，所以需要缓存，如何缓存呢？可以基于内存做缓存，也就是在指定时间范围内商品余量全部展示同一个值，超过指定时间后再动态更新缓存的值；另一种做法是在指定的时间范围内请求同一个商品返回同一个页面，也就是做页面级的缓存。

除此之外，接入网关还需要有一个防刷风控服务，把恶意的非正常用户请求过滤掉，这些在 9.1.1 节已做过介绍，这里不再赘述。

3. 逻辑服务

逻辑服务主要指通过业务规则方式进行流量均摊，例如网络购票系统，如果一列火车有 5000 个座位，就可以把这些座位均分到不同时间段来发放，每个时间段再引入队列进行排队进入，这样每次引入的流量可以适当缩小，另外用户并发访问的规模也会缩小。

4. 数据存储

经过以上逐层优化后数据存储层只需要做一件事情，那就是对比商品剩余数量，再发起数据库请求，如果发现商品已没有剩余则直接丢弃请求。

9.2.2 如何解决并发场景下的库存扣减一致性问题

首先来看一下并发库存扣减会出现什么问题？假设剩余 10 张票，两个用户都在抢购，用户 1 需要购买 3 张，用户 2 购买 2 张，他们都进入了库存扣减环节，正常情况下两个用户成功扣减后应该剩余 5 张，那么并发场景下会怎样呢？如表 9-1 所示。

表 9-1 并发库存扣减时间线操作表

时间线	用户 1	用户 2
T1	从数据库中查询余票为 10	
T2		从数据库中查询余票为 10
T3	计算扣减库存后余票为 7	
T4		计算扣减库存后余票为 8
T5	更新数据库余票为 7	
T6		更新数据库余票为 8

两个用户并发扣减库存，发现最后数据库的余票数量是 8，出现了数据不一致的问题。怎么来解决这个问题呢？有以下几个方案。

1. 分布式锁

引入分布式锁实现分布式场景下的串行处理是一个可行的方案，但是分布式锁会降低系统处理的性能，另外一旦引入分布式锁则所有的扣减操作都会使用，即使没有并发场景也会大大降低系统处理性能，而且这种非并发场景占多数，所以这种方式的代价很大。

2. 悲观锁

悲观锁也称为悲观控制锁，它通过对操作的数据加锁实现对数据的安全操作，只有释放锁之后才可进行下一次操作,例如 MySQL 的 for update 操作就是一种悲观锁的实现。下面以 MySQL 的悲观锁使用为例来说明,如代码清单 9-1 所示。

代码清单 9-1 悲观锁实现库存扣减操作

```
1.   //开始事务
2.   begin;
3.   //当前需要的商品数量
4.   $need = 3;
5.   //查询剩余库存
6.   $ticket = select id,num from t_goods where id = #{id} for update;
7.   //计算剩余库存
8.   $newNum = $ticket['num']-$need;
9.   //省略检查剩余库存是否足够
10.  //更新库存
11.  update t_goods set num = $newNum where id = #{id};
12.  //确认成功,提交事务
13.  commit
```

3. 乐观锁

与悲观锁相对应的是乐观锁,它的一种经典实现就是 CAS,CAS 分为 3 个角色,第一个是数据库值,例如代码清单 9-1 中的 num 字段值,第二个是内存值,也就是从数据库查询出来放在内存中的 num,最后一个是待更新的值,也就是代码清单 9-1 中的 newNum。只有当数据库值和内存值一致时,才将数据库的值更新为待更新的这个值。有点费解,下面仍然以代码作为示例,正常更新库存的代码清单如 9-2 所示。

代码清单 9-2 更新库存

```
1.   ///更新库存
2.   update t_goods set num = $newNum where id = #{id};
```

而乐观锁的更新库存如代码清单 9-3 所示。

代码清单 9-3 乐观锁更新库存

```
1.   ///更新库存
2.   update t_goods set num = $newNum where id = #{id} and num =#{old_num};
```

这样在并发场景下,只能有一个修改成功,affect row 为 1;其他事务由于 num 不等于旧值,修改失败,affect row 为 0。

解决并发扣减库存问题的方案主要是以上 3 个,这里还有一些更深入的问题需要做一下探讨。

为什么更新库存不采取减等于的 SQL 操作呢?

减等于的 SQL 操作如代码清单 9-4 所示。

代码清单 9-4 减等于 SQL 库存扣减

```
1.   update  t_goods set num = num - $need where id = #{id} ;
```

考虑到库存会出现负数的情况,再添加一层限制保护,如代码清单 9-5 所示。

代码清单 9-5　减等于 SQL 库存扣减库存限制

```
1.    update t_goods set num = num - $need where id = #{id} and num >= $need ;
```

加上这一层保护可以很好地实现库存更新，甚至可以避免出现之前那种模式的并发更新问题。但是，为什么不使用呢？因为这种模式会产生非幂等性操作问题。所谓非幂等性，就是每次操作得到的结果不一致。我们考虑一下，如果业务层由于故障出现重试，那么两次都操作了数据库，是不是就扣减了两次库存呢，导致了数据库库存的重复扣减。

问题：如何解决 ABA 问题？

ABA 问题由 CAS 乐观锁引发而来，它描述的是多数据版本之间修改的问题。举一个例子，假设有两个用户抢购商品，库存仍然是 10，用户 1 需要 3 件商品，用户 2 需要 2 件商品，但是在用户 1 操作之后用户 2 操作之前商家刚好下架了这款商品，不再售卖，原则上按照标准卖家不再售卖就停止库存扣减，所以理想的库存应该是用户 1 操作后的值为 7，那么它们在 ABA 问题上的表现如表 9-2 所示。

表 9-2　ABA 问题时间线操作表

时间线	用户 1	用户 2	商家
T1	从数据库查询库存为 10		
T2		从数据库查询库存值为 10	
T3	采取 CAS 将数据修改为 7		
T4			商品操作下架标记
T5		依据 CAS 发现数据库值仍然为 10，修改为 8	
T6		读取到库存为 8	

经过操作后库存是 8，和理想的库存数据不一致，当然这个例子要实现下架操作，只需要验证一下下架标记就可以实现。这里只是展示一下数据修改后没有被感知到的 ABA 问题，那么这个问题需要怎么来优化呢？添加一个修改的版本标记，例如 version 字段，修改获取库存的 SQL 代码，如代码清单 9-6 所示。

代码清单 9-6　ABA 问题的库存获取优化

```
1.    select id,num,version from t_goods where id = #{id};
```

而修改库存的时候就进行版本对比，如代码清单 9-7 所示。

代码清单 9-7　ABA 问题的库存修改优化

```
1.    update t_goods set num = $newNum where id = #{id} and num =#{old_num} and version=
#{old_version};
```

引入修改版本的概念之后，每个版本的修改就有了明确的标记，如果是非本次的版本就无法修改成功。

9.2.3　如何提升热点账户的冲扣性能

账户的交易需要包含两个部分，一个是交易明细账务记录，另一个是余额的增减，为了保障更新账户余额的准确性，通常做法是添加资源锁，更新完成之后再释放锁。如果一些热点账户频繁地变更余额，就会导致该账户被频繁加锁及释放锁，产生性能瓶颈。

行业针对热点账户问题常用的解决方案有下面几种。

1. 并发控制

这是一种最容易想到的方案，并发度过高就控制并发度，在操作数据库账户余额之前设置一个线程池，只要线程池满了就拒绝处理。这种模式下一旦并发度过高就会导致很多正常的业务操作被拒绝，增加了账户操作的失败率，一般不采取这种实现方案。

2. 定时汇总入账

每次的交易信息先记录到一个流水表，再新起一个定时任务，从流水表获取入账明细，形成汇总数据写入热点账户。这种方案的实现比较简单，也能提升处理性能，不过有一个问题是数据入账不实时，一些余额账户变更不需要很及时的业务场景可以接受这种方案，除此之外还有一个风险就是账户透支，由于是延迟入账写入，因此有时账户余额不足也会先交易成功，导致账户透支。

3. 消息队列入账

这种模式和定时入账有相似的地方，不同的地方在于每笔交易先写入消息队列，而不是记录到流水表。当高峰期到来时可以使用消息队列做缓冲，在低谷时也可近似实时入账。整体上来看相对于定时入账性能会有提升，并且也只有在高峰期入账处理不过来时才会有延迟。异步写入消息队列要比写入流水表性能高很多，但它仍然有一个缺点，即和定时入账一样存在账户透支的风险。

4. 账户拆分

这种模式和架构的水平扩容有点像，也就是如果一个账户会出现性能问题，就将这个账户拆分为多个子账户，这些子账户都可以独立接收余额变更处理，降低单账户并发处理时的加锁影响。用户的总额就通过这些子账户汇总得到。但是这也有一个问题，当子账户余额不足但是整体余额充足时会导致扣款失败。

5. 缓存加定时入账

采取缓存进行流水表记录可以提升流水记录的性能，再定时从缓存中拉取入账。缓存可采用Redis实现。但是由于缓存的入账只是记录，没有提供较好的锁管控机制，因此会出现并发金额错乱问题。例如，有 3 个线程同时操作账户，前面两个线程分别扣减 50 和 60，账户余额为 100，第三个线程将账户增加 100，这样会出现如表 9-3 所示的问题。

表 9-3　缓存账户冲扣并发问题时间线操作表

时间线	线程 1	线程 2	线程 3
T1	从缓存查询余额为 100		
T2		从缓存查询余额为 100	
T3	扣减金额后余额为 50		
T4		扣减金额后余额为-10	
T5			向账户增加 100，账户余额为 90
T6		提示账户余额不足，回退	

余额账户为 90，却提示账户余额不足，回退账户操作信息，这和业务只要余额充足就可以交易存在冲突。

除了上面几种方案，热点账户还可以分为加频账户、减频账户和双频账户 3 种类型，可以针对这 3 种类型的账户进行不同的方案设计。

1. 加频账户

加频账户指的是账户充值比较频繁的账户，例如某一款游戏的热点场景下的充值，它要解决的是充值的性能问题，主要实现有下面两种方案。

方案 1：采取临时表记录再定时汇总。

加频账户主要是要解决账户充值性能问题，充值时首先将流水记录写入流水表，之后定时任务再从流水表获取充值记录，汇总写入账户的余额表中。扣款时直接从余额表扣除，但是会出现余额表金额不足的情况，这时扣款模块就主动触发流水表进行充值汇总操作。这里有一个问题，扣款会主动触发流水表汇总，但是也会触发定时任务，一旦出现两个并发处理，就会有重复增加金额的问题，所以还需要额外设计一个分布式锁，不管谁要触发流水表汇总，都需要先获取到分布式锁，没有获取到的任务就等待。临时表记录再定时汇总的流程如图 9-11 所示。

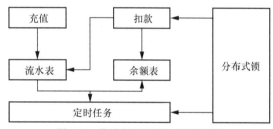

图 9-11　临时表记录再定时汇总流程

方案 2：伪同步。

伪同步方式较早出现在 InnoDB、LevelDB 等存储引擎中，利用追加写提升写入性能，采用类预写日志来持久化数据。通常伪同步方案包含 3 个部分：预写日志（write ahead log，WAL）、校验位和广播消息。它们共同完成一次完整的请求。伪同步汇总的流程如图 9-12 所示。

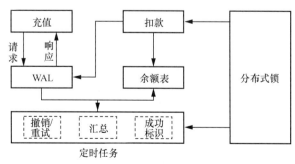

图 9-12　伪同步汇总流程

- **请求阶段**：同步将核心要素追加写入 WAL，变更校验位，完成同步充值调用。此处采取

WAL 追加写保证了快速写入，校验位用来保证数据的最终写入成功。这个过程对应图 9-12 的请求阶段。

- 数据同步阶段：定时任务通过定时读取 WAL 的核心数据进行复杂事务处理，并汇总写入余额表，如果成功则进入下一阶段回调通知，如果失败则外部主动触发重试操作。如果多次重试依然失败，那么通过撤销来回滚数据。这个阶段对应图 9-12 的定时任务写入余额表的过程。同时由于存在主动扣款过程，和图 9-11 一样，也需要实现一个分布式锁来进行串行处理，这样保障不会出现重复增加到余额表的情况。
- 回调阶段：如果成功，定时任务会更改校验位为成功标识，同时发布成功广播标识，关注结果和时效性的模块可以获取最终成功的标识并进行相关处理；如果失败，则重试，若重试仍然失败则考虑撤销回滚数据，发布失败广播消息，告知结果失败。
- 扣款阶段：和方案 1 的一致。

2. 减频账户

将减频账户拆分成多个子账户，每个子账户均分该账户所有的余额，和前面介绍的账户拆分方案相似。所有的扣款先哈希映射到指定的子账户扣除。扣款时会出现 3 种情况，第一种是余额充足，正常扣除；第二种是扣款后达到了子账户余额的预警值，仍然正常扣除，但是需要触发总账户进行余额分配；第三种就是扣款后出现余额不足的情况，需要转移到其他账户再次扣除。充值则直接写入总账户。减频账户的流程如图 9-13 所示。

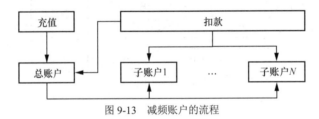

图 9-13　减频账户的流程

3. 双频账户

将双频账户拆分成多个子账户。充值时先在流水表记录，之后通过定时任务更新到子账户。扣款时也是拆分成多个子账户，只是子账户如果出现扣款后达到子账户预警值的情况时需要先获取分布式锁主动触发流水表汇总，如果扣款后余额不足也和减频账户一样转移到其他子账户扣除。双频账户的流程如图 9-14 所示。

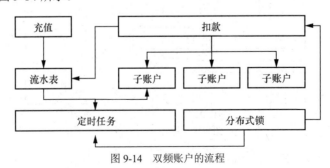

图 9-14　双频账户的流程

9.3 小结

本章主要介绍了秒杀系统的整体架构，并就秒杀系统的接入网关、订单及库存服务以及支付服务进行了详细的架构和设计方案选型分析。之后就秒杀系统中常见的关键问题，例如流量金字塔模型优化、并发场景下的库存扣减一致性问题以及热点账户的冲扣性能问题进行了详细的分析，并提出了相应的解决方案。

第 10 章

消息推送系统

消息推送系统是实现消息从后台服务器端主动下发到客户端，或者客户端主动向服务器端拉取消息的一套系统，例如常见的手机资讯 App 接收到的新闻实时消息、微信接收的聊天信息等。它是移动互联网时代的应用及业务拉新促活的利器，所以这个系统在很多互联网公司以及一些手机厂商都会自研实现。

10.1 系统整体架构

消息推送系统从整个实现流程和架构上来看可以分为 3 层，分别是业务接入层、通道层以及客户端层，它的架构如图 10-1 所示。

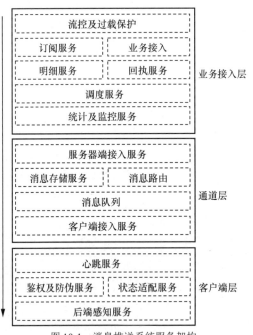

图 10-1 消息推送系统服务架构

这 3 层服务中最上层代表的是业务接入层的服务，中间层是消息长连接通道层的服务，最下层则是客户端层的服务。下面分别来介绍它们的功能。

10.1.1 业务接入层

业务接入层主要有以下服务。

- 流控及过载保护：流控主要是针对不同的推送通道进行流量限制，例如依据业务的重要性级别可以对消息推送的流量进行控制。常见的资讯及新闻业务由于实时性要求比较高，对通道的带宽及吞吐量要求较高，因此放高一些带宽，但是一些广告类的通知业务实时性要求不太高，可以将带宽放低一些。同样一个推送系统如果其对外业务也开放服务，那么内部应用业务的速率可能需要优先保障，对外业务的推送速率就需要根据通道的实时容量适当地降低一些。另一个是过载保护，过载保护主要是针对业务接入层，运维接入层也是分布式服务器接入，任何一个服务器接入点由于接入业务的区域或者数量不同会导致流量不均匀，因此需要一个全局的分布式过载保护服务，提供两种模式的过载保护，一种是基于业务层的，在某段时间内进行总量限制；另一种是基于接入服务器的，每台服务器可按照一天或者一小时进行消息量接入限制。
- 订阅服务：订阅服务主要是指客户端上报的一些设备标识信息，例如设备的国际移动设备标志（international mobile equipment identity，IMEI）加每个推送业务的 ID、一些推送的标签数据，以及业务方对设备自定义的别名数据等。简单来说，这个服务就是告诉后台服务器端是否可以对这个设备推送消息，以及推送什么类型的消息。
- 业务接入：一个独立的 API 服务，暴露给业务侧。例如提供单条消息及设备推送功能，以及单台设备多条消息的推送功能等。
- 明细服务：这其实是消息链路运行监控数据存储服务，例如输入一个消息的编号，可以查出该消息在每个环节的耗时以及现在该消息是否已经展示到客户端，如果没有展示给客户端，该消息现在处于哪个环节。
- 回执服务：回执服务也是一种统计服务，它主要是统计客户端消息的到达率、客户端消息展示率和消息的点击率，这个功能对应用接入方分析消息的转化率具有很大的帮助。
- 调度服务：有些推送是需要定时推送的，例如新闻资讯需要在早上指定时间推送。另一种推送是需要事先准备推送群体，例如推送的消息先新建一个推送任务，然后选择一批用户画像标签来推送，这时新建的只是一个推送任务，只有等用户画像标签圈定的对象全部查询出来后才会正式生成一个推送任务。这两种情况都需要一个消息推送的调度服务，它可基于服务器资源负载进行调度消息分发，同时也可实时动态地去获取到期可推送的任务进行消息分发。
- 统计及监控服务：提供整个系统的链路指标的数据统计和监控，例如消息分发耗时、消息存储耗时、消息下发耗时等。

除此之外，业务接入层的服务为了满足各个应用对推送通道的区别使用（例如一些优先级较低的推送可共享一个通道，而优先级较高的推送可单独使用一个推送通道），共享推送通道会根据通道的吞吐量来实时调整通道内各个业务的实时流量。如果其中一个业务推送消息出现问题或者数量过多都可能会导致在该通道内的其他业务出现拥塞，而单独推送通道就无须考虑这些问题。

这些各种各样的通道都可以采用消息队列的主题来实现，所以业务接入层消息队列也是一个非常核心的组件。

10.1.2 通道层

通道层没有太多的实现模块，只有服务器端接入服务、客户端接入服务、消息存储服务以及消息路由服务，但是这一层是推送系统的核心实现，因为它承载着推送的长连接维护和消息的海量存储服务，下面对每个模块进行简要说明。

- 服务器端接入服务：这一层对接的是业务接入层，一般来说对内网开放，通常采用的是 RPC 方式的远程调用实现。
- 客户端接入服务：客户端开启网络后会主动和服务器端建立一个长连接服务，客户端接入服务就是提供给客户端建立长连接的接入服务。
- 消息存储服务：消息存储服务主要提供客户端层和通道层的消息统计数据的存储，以及离线消息信息存储，例如有些设备在消息推送的时候由于网络故障没有接入，或者有些设备根本就没有开启网络，那么这些消息就需要存储起来，待终端网络开启或者恢复之后再推送。
- 消息路由服务：这主要应用在多机房里面，例如有华北和华南两个机房，终端设备会依据就近原则选择离自己近的一个机房接入，所以消息也需要按照设备所在机房分发以及消息体封装等。

10.1.3 客户端层

客户端层整体上可以看作一个在终端的常驻服务，它提供消息的鉴权及防伪服务、状态适配服务、心跳服务和后端感知服务，下面分别简要介绍。

- 鉴权及防伪服务：对接收到的消息体格式进行校验，验证消息防伪，例如基于消息体做一个加签算法，服务器端和客户端约定好算法实现，实现对内容的校验。
- 状态适配服务：识别当前终端所处环境和状态，例如微信所做的状态适配服务区分为活跃态、次活跃态、自适应计算态、后台稳定态以及空闲态等，选择不同的状态传给心跳服务采取不同的心跳时间间隔。
- 心跳服务：为了应对网络地址转换（network address translation，NAT）出现连接断开，动态主机配置协议（dynamic host configuration protocol，DHCP）租期失效，需要有一个心跳服务进行维持，而心跳服务的选择策略是长连接维持的一个重要优化点。
- 后端感知服务：主要是为了应对 DNS 劫持以及就近流量访问所出现的一个服务。例如针对域名对应的 IP 进行跑马验证，哪个 IP 对应的响应性能更好就选择哪个 IP 的服务。

10.2 关键问题及解决方案

消息推送系统的关键问题涉及面比较广，如系统过载保护、海量消息分发的性能提升、服务器端海量长连接的接入问题、客户端功耗问题以及客户端消息伪造防御问题等。本节将详细介绍。

10.2.1 如何实现过载保护

推送系统的过载保护策略大致可以归纳为两类，一类是基础策略，另一类是高级策略。

1. 基础策略

基础策略，如流量的控制，常用的是对 IP 访问的阻断、推送频率的控制等，这些都是基础策略服务。还有一个基础策略就是服务降级，例如在 5.3.3 节讲到的使用 Hystrix 组件实现降级。这里再介绍一些在推送系统中采用 Hystrix 实现的一些过载保护策略。

- 超时时间：一般指服务 A 到服务 B 的调用超时，这也是业务系统里面最关心的一个环节，上游服务依赖下游服务，如果调用时间超过 3 秒，就可认为下游服务触发到熔断降级策略。
- 降级统计：可以设置一个错误率，但要在一定的时间窗内计算出来，这个统计时间窗也可以动态调整。例如 10 秒内整个请求的调用通过率是 10%，就可认为这个服务有质量问题，这时就应该触发降级状态。
- 禁止时间：降级之后紧接着是禁止，禁止时间是可以设置的。例如在统计时间窗内错误率达到预设值，就禁止对下游服务的调用。这个时间是禁止使用的时间，例如禁止调用 10 秒。
- 线程隔离：服务到服务的隔离，这里所说的服务可能由多个模块组成。把服务 A 的调用跟服务 B 的调用做线程级隔离，这样当服务 A 出现问题时就不会影响 B 服务的调用，可以设置当前服务用的是哪个线程栈以及队列大小等。
- 强制降级：如果出现熔断策略触发了降级，则认为下游服务不可用，需要开启强制降级。可以人工在后台通过配置对依赖的服务做强制降级，这个降级状态可直接变成 Open 状态，表示对下游服务的降级，避免调用链发生雪崩而导致服务不可用。

2. 高级策略

高级策略主要是指对业务属性的通道选择，分为单独通道和共享通道，如图 10-2 所示。

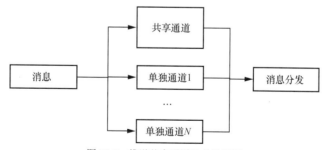

图 10-2　推送共享通道及单独通道

- 单独通道：针对的是接入的应用，每个应用会走独立通道，每个通道的速率和资源都是隔离的，应用通道不会受其他应用推送速率的影响。一般会为优先级高的应用分配一个单独通道。
- 共享通道：指除单独通道之外的通道，非单独通道的应用都会走共享通道。整个通道设置一个上限速率，通过给通道划分资源，整个通道的速率是不会超过上限的。例如目前有 3 个应用进入共享通道，每个应用的速率都不一样，可以很简单地做到速率平衡，当整个通道的速率大于通道设置的阈值时，就会算出按比例压缩后每个应用的速率，保证 3 个应用对应的速率都不会超过整个通道的速率，以实现后端速率的过载保护。举个例子，假设有 3 个应用，分别是 App1～App3，对应分配的速率分别是 rate1～rate3，共享通道的限速是 rate_share。当 rate1+rate2+rate3>rate_share 时，启用共享通道的限速，那么限速后每个通道的实时速率又是怎么计算的呢？假设 rate1 限速后的实时速率为 rate1_limit，那么 rate1_limit=rate1×rate_share/(rate1+rate2+rate3)。

10.2.2　如何提升消息分发性能

推送系统的性能优化可从添加缓存、提升并发度和引入异步 3 个方面着手。

1．添加缓存

例如所有待发送的消息采用 Redis 作为缓存，但是在业务中缓存的键要注意不要设置得过大，如果不同的业务对应的缓存数据量差异很大，就容易造成数据偏移问题，所以数据的键一定要设置得合理。

对于热点键缓存及命中率提升的问题，由于有些设备的活跃度很高，缓存获取的频率也很高，但是缓存一旦失效则面临热点键缓存击穿问题，因此可以采取提前刷新以及分布式锁加持的解决方案，详细的实现方案可参考 4.4.4 节的介绍。

如何提升缓存的存取性能呢？当对缓存的操作频率达到一定的程度，例如达到每秒 10 万甚至数十万次，如果仍然每次访问就操作一次，那么缓存的操作性能会大打折扣，所以操作尽量做到聚合，通过流水线（pipeline）来实现一次连接多次命令操作，例如对于推送的实时统计数据可采取 pipeline 来操作实现。

2．提升并发度

从图 10-1 的通道层可以看到所有待发送的消息会发送到消息队列，一般来说消息队列设置的并发度为主题数乘以分区数，而每个主题代表的是不同的通道，这些在业务上基本是固定的。这里存在一个问题，如果消息推送峰值较高，要提升并发度，在不改变通道数的情况下就只能增加分区数，但是分区过多也会造成消息队列的服务器端的负载过高。这里就可以采取另一种方式，即将并发度调整为主题数乘以线程数，每次创建主题时将主题和线程池进行绑定，这样通过线程池的扩容在服务器负载可容忍的情况下就可提升并发度。当然这样还会出现一个额外问题，就是服务升级或者故障后重启会导致绑定的线程池的消息丢失，这时可采取对线程池进行 hook 操作，需要在重启前触发这个线程的 hook，停止接收新的消息，并将本线程内的消息消费完成后才返回重启服务，以保障消息的可靠消费。

3．引入异步

消息分发采取消息队列的异步处理，当消费消息的时候，先拉取分发消息，拉取后异步给另外的线程进行过滤以及消息发送，把费时的操作用异步方式处理，从而提升消息队列的消费吞吐能力。

10.2.3 如何解决海量消息推送明细的存储问题

基于对推送消息排查的考虑，需要记录每条消息推送现在到了哪个环节，以及每个环节的耗时，所以一条消息可能会有数十条各个环节的记录，这样一天推送 10 亿条消息就可能产生超过 100 亿条明细数据，而且这些消息基于业务需要可能会存储几个月，同时要向业务方提供实时查询该消息的状态，对于如此海量的数据又要实时查询，该怎么处理呢？

这里可以基于 HBase 来存储，同时 HBase 也有较高的读取性能。但是如此海量的数据存储仍然需要注意下面两个问题。

- 写入积压问题：明细数据可采取消息队列中转，同时还可将键进行聚合操作，例如同一条消息的不同阶段明细可以先等待，等到消息全流程的几个阶段全部到齐，或者服务器端的几个阶段已到齐后再一次性写入 HBase，避免一个明细到了就立即写入，降低写入频率。

- HBase 热点列键存储问题：由于消息推送大多数是以 IMEI 作为设备的键，但是 IMEI 由规则的几个部分组成，通常以某一个前缀作为开头，因此这样就很容易出现列式键的热点存储问题，对 HBase 的数据存储有很大的影响。可以对设备做一些逆序操作及在逆序操作后追加到键前面，并对逆序后的值进行哈希操作映射到不同的集群，这样基本可以避免热点键的问题。

10.2.4 如何降低推送的客户端功耗

客户端功耗问题主要涉及流量和电量两方面，解决方法如下。

（1）解决流量问题，选择更优的协议，现在使用比较广泛的是可扩展消息处理和现场协议（extensible messaging and presence protocol，XMPP）和会话起始协议（session initiation protocol，SIP）。这两个协议有很多源组件，如果想快速搭建一套系统，这两个协议是比较好的选择。不足的地方是协议很复杂，单独的标准文档就有几十页，要想完全把它看懂，估计要花很长的时间。这两个协议是基于互联网的，协议虽然很完善，但是也比较重，如 XMPP 有很多无用的标签，推送系统根本用不到这些标签，SIP 也有很多头，和 XMPP 差不多。协议这么复杂的最直接表现是非常耗流量，所以在实际使用上可采用一些轻量级协议，如 Protocol Buffers、消息队列遥测传输（message queuing telemetry transport，MQTT）协议或者自定义一些协议，长连接建立包括心跳维护都可使用，降低复杂协议带来的额外流量消耗。

（2）解决电量问题，主要聚焦在客户端和服务器端的长连接心跳维持上，这里需要引入智能心跳的概念，依据网络的实时情况动态地调整心跳时间窗，而不是以固定时间间隔进行一次心跳检测。那么，到底怎么设置心跳时间窗呢？如图 10-3 所示。

系统首先依据客户端的推送 SDK 检测的用户场景进行心跳选择，例如 10.1.3 节讲到的状态适配服务，它会依据客户端所处的不同状态初始化不同的心跳时间窗，接下来以此时间窗进行检测。如果检测成功则将当前的时间窗扩大，例如将时间窗扩大 10 ms，如果之前的心跳时间窗是 100 ms，那么本次扩大后新设置的时间窗就是 110 ms。如果本次检测失败，则首先判断失败次数是否超过设置的阈值，如果超过则将当前时间窗缩小，仍然以上面的数据为例，缩小后的时间窗就是 90 ms。如果失败次数没有超过阈值，则保持当前时间窗继续检测。这样通过智能时间窗心跳检测就可将心跳的功耗降到最低。

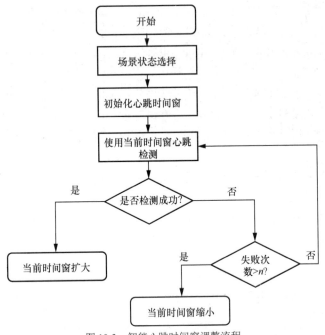

图 10-3　智能心跳时间窗调整流程

还有一种降低功耗的做法就是延迟推送，有些用户场景对实时性并不是特别敏感，如系统的升级、应用的升级，早几分钟或者是晚几分钟，并不会影响用户的使用体验。对于这种实时性要求不高的消息，可以让手机在唤醒的状态下才把消息推送下去。那么怎么知道手机是处于唤醒状态的呢？这对于服务器端是可以感知得到的，客户端要维持长连接就要发送心跳包，发送心跳包就要唤醒手机，服务器端接收到心跳包的时候，再把消息推送下去，这样相对来说就可以降低一些功耗。

10.2.5　如何解决消息重复推送问题

由于网络的不稳定性，很难预测网络在什么时候会掉线或者延迟过高，网络的不稳定或者高延迟就会导致消息的重复推送问题。那么消息的重复推送是如何产生的呢？

服务器端向客户端推送一条消息的时候，正常情况下，消息推送下去，客户端接收到这条消息会给服务器端返回一个应答。如果应答的过程中网络不稳定或者出现故障，服务器端就接收不到这个应答，这时服务器端可以有两种处理方式，一种是认为客户端离线，另一种是超时重试，重试几次，直到接收到应答为止。这样由于网络导致应答不及时就可能出现消息的重复推送。那么，怎么解决消息的重复推送问题呢？它的优化交互如图 10-4 所示。

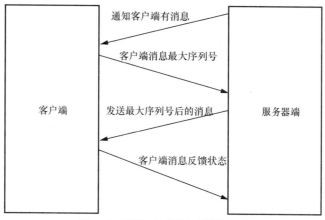

图 10-4　消息重复推送问题优化交互

　　系统设置了基于序列号的消息的交互方式后，推送消息的时候不是把消息直接推送下去，而是发送一个通知到客户端，告诉客户端有消息，客户端接收到这个通知，发送一条指令来获取这个消息，同时会带上一个收到最近消息的最大序列号。获取到这个序列号后服务器端从序列号之后开始批量分发消息到客户端，客户端每收到一批消息就返回应答状态，同时本地也会记录接收到的最大消息序列号，供下次获取时使用。

10.2.6　如何解决海量长连接问题

　　通道系统一般基于性能的考虑会采取 C/C++ 语系。这里就以 C/C++ 及对应的组件来说明。

　　由于长连接涉及多进程和 epoll、内存泄露以及内存碎片问题，因此推荐使用谷歌的开源组件 Tcmalloc，它是一款非常好用的多线程优化组件。

　　另外 Linux 多网卡场景下还需要注意网卡接收中断问题，所有的网卡接收中断默认会由一个 CPU 来处理，这样这个 CPU 的负载可能就会比较高，可采取中断绑定到指定 CPU 来解决这个问题。

　　还有 TCP 下的重传超时（retransmission time-out，RTO）的设置，有些 Linux 系统的默认 RTO 是 200ms，在网络延迟比较大的场景，200ms 的 RTO 会触发大量消息重传，导致性能下降，所以也可以采取打补丁的方式修改 RTO 的设置，例如设置为 3～5s。

　　高并发问题优化之后就需要解决负载均衡的问题了，负载均衡有两种实现方案，一种是在服务器端实现，比较常规的做法是在每个服务器端前面统一加一个 LVS，这样在 LVS 可容忍的并发能力下是可实现负载均衡的。但是如果并发能力要求更高，例如千万级，那么 LVS 就不太适合了，这时就需要客户端来实现，服务器端提供一个基于负载的 IP 地址排序列表，负载比较低的服务器排在前面，拉取列表之后，客户端直接拿前面的 IP 地址或者采用一定的轮询算法连接就可以了，这个方案既解决了负载均衡问题，又解决了跨运营商网络慢的问题。客户端第一次拉取 IP 列表时前面的服务器都是负载比较低的，但是客户端是对这个 IP 列表进行缓存的，缓存之后，如果断线重连，客户端就不知道哪台服务器负载高，哪台服务器负载低了。这里有一个策略，客户端把 IP

划分成多个 IP 区间，每一个区间有多个 IP，选取 IP 发送一个探测包，接收到探测包的服务器会针对探测包发送回响应包，哪个 IP 地址先发送回来，就用哪个 IP 地址。

探测按照响应先后来判断服务器负载高低其实还是有问题的，问题就是根据响应时间无法准确判断服务器的负载，例如一台平均负载较高的服务器刚好在空闲的时候接收到一个探测响应，这时它的响应速度比其他服务器可能都快，但并不代表这台服务器的负载在所有服务器中是最低的。那么怎么解决这个问题呢？可以依据服务器的连接数进行响应延迟，例如同时在线连接可容纳 300 万，每超过 10 万探测响应包延迟 30ms 再返回，这样可在一定程度上达到长连接下的负载均衡。

10.2.7 如何解决客户端消息伪造问题

当一个恶意应用伪造推送消息内容体来拉起业务应用并打开恶意网站时，可能导致用户信息泄露，那么这里就又涉及一个消息防伪问题，一般做法就是通过消息 MD5 加签同时进行可逆加密，到达客户端之后进行反向解密校验就可防止消息伪造的行为。这也是 10.1.3 节提到的鉴权及防伪服务的功能。

10.3 小结

本章主要介绍了消息推送系统的整体架构，以及业务接入层、通道层和客户端层这 3 层的具体模块功能和实现，就推送系统中常见的关键性问题进行了深入讨论和分析，并对这些问题提出了相应的解决方案和策略。

第 11 章

区块链系统

　　广义的区块链是一种实现了数据公开、透明、可追溯的产品架构设计方法，必须包含点对点网络设计、加密技术应用、分布式算法的实现和数据存储技术的使用 4 个方面，其他应用技术还可能涉及分布式存储、机器学习、物联网、大数据等。而狭义的区块链仅仅涉及数据存储技术、数据库或文件操作等。本章要介绍的区块链指的是广义的区块链，不会涉及数字币的任何机制和实现。

　　本章所阐述的区块链实现主要面向的是私有链及联盟链。例如几家公司组成联盟来共同见证记录一些不可篡改的交互信息，A 公司给 B 公司发送了一个数据获取请求，B 公司响应了该请求对应的数据，这就需要一个分布式数据库，而且性能要好，不是像比特币那样几分钟才生成一个区块，同时还需要确保每条信息被准确记录，不允许信息不一致或者丢失，即技术上不允许分叉也不允许丢失。这个平台的核心是如何提升数据库的性能，优化区块链的一些特性和共识算法，当然也包括实现系统高可用和高性能优化。

11.1　系统整体架构及优化

　　区块链主要包含区块指令构建、区块信息获取、节点修改、区块校验、指令消费、指令信息共识通信以及区块链存储落盘几个功能模块，其架构如图 11-1 所示。

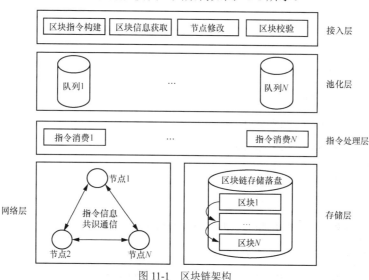

图 11-1　区块链架构

从图 11-1 可以看出，区块指令构建以及区块信息的管理和校验这些功能统一划分到系统的接入层，接下来通过队列将指令或者区块管理信息异步处理，增强接入层处理性能，而异步处理可以称为池化层，就是将所有的指令通过队列池化。这一层除了接收来自接入层的指令写入，在存储层落盘失败的指令也会再次回流到这里进行重试处理。池化层之后就是系统的指令处理层，将接入层或者重试的指令消费处理。最底层是区块链的两大核心处理层，一个是网络层，主要负责区块信息的多节点通信和信息共识达成；另一个是存储层，所有通过共识通信的指令信息会落盘到这里，并通过指针前后指向关联，最终形成区块链信息存储。

11.1.1　接入层

接入层的核心是区块指令的构建，其他几个模块（如区块的信息获取、节点修改，以及区块的有效性校验）都只是这个平台的辅助功能。由于篇幅关系，这里着重介绍构建区块链的指令和写入池化模块。

区块链指令集的定义如代码清单 11-1 所示。

代码清单 11-1　区块链指令集定义

```
 1.    public class Instruction{
 2.        /**
 3.         * 新添加的指令内容
 4.         */
 5.        private String json;
 6.        /**
 7.         * 时间戳
 8.         */
 9.        private Long timeStamp;
10.        /**
11.         * 操作人的公钥
12.         */
13.        private String publicKey;
14.        /**
15.         * 信息签名
16.         */
17.        private String sign;
18.        /**
19.         * 该操作的 hash 编号
20.         */
21.        private String hash;
22.        /**
23.         * 指令的操作，增删改（1，-1，2）
24.         */
25.        private byte operation;
26.        /**
27.         * 操作的表名
28.         */
29.        private String table;
30.        /**
31.         * 原始 JSON，用于回滚区块执行，del 和 update 必填
32.         */
33.        private String oldJson;
34.        /**
35.         * 业务 ID，SQL 语句中 where 需要该 ID，del 和 update 必填
```

```
36.          */
37.          private String instructionId;
38.      }
```

指令中需要添加的内容采用的是一个 JSON 结构，例如节点 A 向节点 B 获取了用户 C 的账号 ID，则可以记录为如代码清单 11-2 所示的样子。

代码清单 11-2　区块链指令添加获取账号内容实例

```
1.      {
2.          "from": "A",
3.          "to": "B",
4.          "op": {
5.              "user": "C",
6.              "value": "userID"
7.          }
8.      }
```

这里的内容字段设计为 JSON 结构的主要目的是让业务方可自定义，不需要按照一个指定标准，只需要业务自行可解析，但是数据结构需要保持 JSON，方便平台的统一存储。

公钥字段是由平台统一分配的，另外指令中还有本次操作的哈希编号，它唯一标识本次指令操作，由平台接收到指令后从系统中统一分配写入。操作的表名字段主要是用在基于 MySQL 等关系数据库落地的场景。

构建起指令之后就需要将指令添加到指令池。指令池添加的流程如图 11-2 所示。

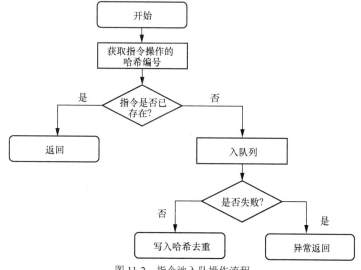

图 11-2　指令池入队操作流程

将传入的参数按照指令集的模板进行创建及添加到指令池，实现如代码清单 11-3 所示。

代码清单 11-3　区块链指令入队列操作实现

```
1.      public ResultPack<String> production(Instruction instruction) {
2.          //判断指令是否存在，如果已存在则不添加
3.          String key = instruction.getHash();
```

```
4.          if (instructionHash.contains(key)) {
5.              return ResultPack.failed("[" + key + "]在指令池中已经存在");
6.          }
7.          //添加到内存缓冲队列
8.          ResultPack<String> resultPack = instructionQueue.offer(instruction);
9.          //入队列失败
10.         if (resultPack.isFailed()) {
11.             throw new BlockException("指令池已满,当前队列数量:" + instructionQueue.
                getSize() + " 队列最大限制:" + capital);
12.         } else {
13.             instructionHash.add(key);
14.         }
15.         return resultPack;
16.     }
```

11.1.2 池化层及指令处理层

池化层是将指令写入自定义队列当中,可采取 ConcurrentLinkedQueue 来实现,它相当于一个生产者;指令处理层相当于一个指令消费者,接收到来自池化层的指令解析后发起网络共识服务。它们的功能分别如下。

- 池化层:接收来自接入层的指令以及存储层落盘失败后需要重试的指令,写入队列之中。
- 指令处理层:定时线程进行消费,并调用区块添加服务发起区块添加共识。

池化层第一种基于接入层的指令入队列的逻辑在代码清单 11-3 已说明,这里对存储层落盘失败后重试的逻辑实现进行简单的介绍。例如出现区块链信息冲突或者分叉的时候就需要重新打包入队列,打包入队列需要通知区块发送节点,但是这个节点和落盘存储节点很有可能不是同一个节点。这里使用的节点之间通信采用的是一个开源框架 T-IO,它里面有一个实现 AIO 的功能模块,如代码清单 11-4 所示。

代码清单 11-4 区块链冲突或者分叉后的重打包操作

```
1.      if (rpcCheckBlockBody.getCode() == RpcCheckBlockResult.EXITS_INSTRUCTION.
        getCode()) {
2.          //找出未打包指令后进行单播,重新打包
3.          List<Instruction> appendingInstructions = ApplicationContextProvider.
            getBean(DbBlockManager.class)
4.              .checkAndGetpendingInstructions(block.getBlockBody().
                getInstructions());
5.
6.          if (CollUtil.isNotEmpty(appendingInstructions)) {
7.          BlockPacket instructionPacket = new PacketBuilder<InstructionBody>()
8.              .setType(PacketType.ADD_INSTRUCTION_REQUEST.getKey())
9.              .setBody(new InstructionBody(appendingInstructions)). build();
10.         //向指定节点通信,重新打包添加指令
11.         Aio.send(channelContext, instructionPacket);
12.         }
```

所有的指令通过接入层以及失败指令重打包后就已经全部进入指令队列中,那么指令处理模块也就是队列的消费者是怎么实现的呢?它会开启一个定时执行线程池,从指定队列里面获取待处理的指令,它的具体执行逻辑如代码清单 11-5 所示。

代码清单 11-5　区块链指令消费拉取功能

```
1.    private void execute() {
2.        if (packageLimitSize <= 0) {
3.            packageLimitSize = instructionQueue.getSize();
4.        }
5.         //获取指令集
6.        List<Instruction> pollData = instructionQueue.pollList(packageLimitSize);
7.        if (!CollectionUtils.isEmpty(pollData)) {
8.            for (Instruction ins : pollData) {
9.                instructionHash.remove(ins.getHash());
10.           }
11.           try {
12.                //指令消息回调，此时会调用区块添加服务
13.                senderCallBack.consume(pollData);
14.           } catch (Exception e) {
15.                logger.error("exec consume error", e);
16.           }
17.       }
18.   }
```

接收所有的指令后会通过一个指令回调服务进行处理，也就是 senderCallBack.consume()，它的具体实现如代码清单 11-6 所示。

代码清单 11-6　区块链指令处理功能

```
1.    public void consume(List<Instruction> instructions) {
2.                //校验该指令集是否有些已经在处理，如果已在处理就过滤掉
3.            List<Instruction> appendingInstructions = dbBlockManager.
          checkAndGetpendingInstructions(instructions);
4.            log.info("队列消费处理指令数:{} Appending 数:{}", instructions.size(),
          appendingInstructions.size());
5.            if (CollUtil.isNotEmpty(appendingInstructions)) {
6.                BlockBody blockBody = new BlockBody();
7.                blockBody.setInstructions(appendingInstructions);
8.                 //发送区块添加请求
9.                blockService.addBlock(blockBody);
10.           }
11.       }
```

接下来 blockService 会调用 addBlock()发起区块添加请求，还会调用节点共识算法进行共识，详细实现如代码清单 11-7 所示。

代码清单 11-7　构建区块发起区块共识

```
1.    public Block addBlock(BlockBody blockBody) {
2.        //打包区块账户
3.        String coinBasePubKey = dbBlockManager.getCoinBasePubKey();
4.        if (StringUtils.isBlank(coinBasePubKey)) {
5.            throw new BlockException("节点无法生成区块，先创建账户");
6.        }
7.         //解析出区块指令集合
8.        List<Instruction> instructions = blockBody.getInstructions();
9.        List<String> hashList = instructions.stream().map(Instruction::
          getHash).collect(Collectors.toList());
10.       Block lastBlock = dbBlockManager.getLastBlock();
11.       long blockNumber = 1;
```

```
12.            String lastBlockHash = null;
13.            if (lastBlock != null) {
14.                blockNumber = lastBlock.getBlockHeader().getNumber() + 1;
15.                lastBlockHash = lastBlock.getHash();
16.            }
17.
18.            //构建区块头
19.            BlockHeader blockHeader = new BlockHeader();
20.            blockHeader.setHashList(hashList);
21.            //计算所有指令的 hashRoot, 构建 MerkleTree 存储
22.            blockHeader.setHashMerkleRoot(new MerkleTree(hashList).build().
                getRoot());
23.            blockHeader.setPublicKey(coinBasePubKey);
24.            blockHeader.setTimeStamp(CommonUtil.getNow());
25.            blockHeader.setVersion(version);
26.            blockHeader.setNumber(blockNumber);
27.            blockHeader.setHashPreviousBlock(lastBlockHash);
28.
29.            //构建区块
30.            Block block = new Block();
31.            block.setBlockBody(blockBody);
32.            block.setBlockHeader(blockHeader);
33.            //区块链的 hash 映射值，采用 Sha256 算法，区块链就是通过这个值形成链式关系的
34.            block.setHash(Sha256.sha256(BlockUtils.getBlockSignStr(block)));
35.
36.            //不同的共识算法选择
37.            switch (systemConfig.getConsensusType()) {
38.                case PBFT:
39.                    BlockPacket blockPacket = new PacketBuilder<>().setType(PacketType.
                        GENERATE_BLOCK_REQUEST.getKey()).setBody(new
40.                        RpcBlockBody(block)).build();
41.                    //广播给其他人做验证
42.                    packetSender.sendGroup(blockPacket);
43.                    break;
44.                case RAFT:
45.                    try {
46.                            //RAFT 提交共识，异步验证回调结果
47.                        raftService.set(block.getHash(), block);
48.                    } catch (Exception e) {
49.                        log.error("raft add block error", e);
50.                    }
51.                    break;
52.                default:
53.                    break;
54.            }
55.        return block;
56.    }
```

以上就是整体的池化和指令处理的逻辑，这里有一个优化点：引入队列进行指令的池化处理。为什么需要这样设计呢？有以下几个原因。

- 队列可实现异步处理，提升接入层性能。
- 队列池化后可防止区块添加失败或者分叉，再次添加进行重试，确保每条共识成功后的指令都可落盘存储。
- 队列在入队之前进行了指令去重，保障每条指令是唯一写入存储的。

另外这里只是以 Java 的一个队列数据结构为例来实现的，为了增强系统处理性能，也可采用成熟的消息队列组件（如 Kafka）来实现这一层的队列存储和转发。

11.1.3 网络层

网络层实现的主要是节点间的通信，包含点对点通信以及共识算法两个核心功能。

1. 点对点通信

网络层各节点的通信可采用长连接进行，这包括断线后重连、维持心跳包等通信功能。这里介绍的点对点通信仍然采取的是 T-IO 组件里面的 AIO 功能模块，它在大量长连接情况下性能优异，资源占用也很少，并且具备多节点通信以及分组通信功能，特别适合做多个联盟链平台。同时它还包含了心跳包、断线重连、重试等优秀功能。

每个节点的角色是平等的，它们既是服务器端，又是客户端。节点作为服务器端时被其他剩余的 N-1 个节点连接，节点作为客户端时则要去连接其他 N-1 个服务器端节点。同一个联盟，设定一个组，每次发消息，可直接调用 sendToGroup()方法来实现，如代码清单 11-8 所示。

代码清单 11-8　T-IO 组件中 AIO 功能 sendToGroup()的调用示例

```
1.    public void sendGroup(BlockPacket blockPacket) {
2.        //对外发出客户端请求事件
3.        ApplicationContextProvider.publishEvent(new ClientRequestEvent
          (blockPacket));
4.        //发送到一个组
5.        Aio.sendToGroup(clientGroupContext, GROUP_NAME, blockPacket);
6.    }
```

2. 共识算法

分布式共识算法是分布式系统的核心，常见的有 PAXOS、PBFT、BFT、RAFT、POW 等。区块链中常见的是 POW、POS、DPOS、PBFT 等。

比特币采用了 POW 工作量证明，需要耗费大量的资源进行哈希运算，由矿工来生成区块。其他多是采用选举投票的方式来决定谁来生成区块。它们共同的特点就是只能由特定的节点来生成区块，然后广播给其他节点。

区块链分为如下 3 类。

- 私有链：指在企业内部部署的区块链应用，所有节点都是可以信任的。
- 联盟链：半封闭生态的交易网络，存在不对等信任的节点。
- 公有链：开放生态的交易网络，为联盟链和私有链等提供全球交易网络。

由于私有链是封闭生态的存储系统，因此采用 PAXOS 类共识算法（过半同意）可以达到最优的性能；联盟链有半封闭半开放特性，因此拜占庭容错是合适的选择之一，例如 IBM 超级账本项目；对于公有链来说，这种共识算法的要求已经超出了普通分布式系统构建的范畴，再加上交易的特性，因此需要引入更多的安全考虑，所以比特币的 POW 是非常好的选择。

而共识算法 RAFT 和 PBFT 分别可以做私有链和联盟链。下面分别介绍这两种共识算法的实现。

PBFT 的算法流程主要包含 3 种角色：客户端，负责发起共识请求；主节点，负责接收共识请求；跟随节点，参与共识算法投票判断。PBFT 的步骤如下。

（1）从全网节点选举出一个主节点，新区块由主节点负责生成。

（2）主节点将从客户端收集到请求，例如将需要放在新区块内的多个交易信息排序后存入列表，并将该列表向全网广播。

（3）每个跟随节点接收到交易列表信息后，根据排序模拟执行这些交易。所有交易执行完后，基于交易结果计算新区块的哈希摘要，并向全网广播。

（4）如果一个节点收到的 $2f$（f 为可容忍的拜占庭节点数）个其他节点发来的哈希摘要都和自己相等，就向全网广播一条 commit 消息。

（5）如果一个节点收到 $2f+1$ 条 commit 消息（包括自己），即可提交新区块到本地的区块链和状态数据库。

它的实现如图 11-3 所示。

传统的 PBFT 需要先选举出主节点，然后由主节点来处理请求并打包，然后广播出去。之后各个节点开始对新区块进行校验、投票、累积 commit 数量，最后落地。

为了提升性能及可用性，这里对 PBFT 做了修改，这是一个联盟，各个节点是平等的，所以不需要让每个节点都生成一个指

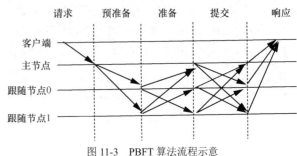

图 11-3　PBFT 算法流程示意

令，然后发给其他节点，大家再选举出一个节点来搜集网络上的指令，组合之后生成区块，这样太复杂了，而且也存在主节点的故障隐患。

对 PBFT 可以尝试这样的修改：不需要选择主节点，而是任何节点都可以构建区块，然后全网广播。其他节点收到该区块请求时即进入预准备状态，校验格式、哈希、签名等权限，校验通过后进入准备状态，并全网广播该状态。待自己累积的各节点准备的数量大于 $2f+1$ 时，进入 commit 状态，并全网广播该状态。待自己累积的各节点 commit 的数量大于 $2f+1$ 时，认为已达成共识，将区块加入区块链中。

很明显，上面这种方式和有主节点时相比，提升了处理性能并解决了主节点故障问题，但是缺少了顺序的概念。有主节点时能保证区块的顺序，当有并发生成区块的需求时，主节点能按照顺序进行广播。例如区块编号都已经到 5 了，然后需要再生成 2 个区块，有主节点时会按照 6、7 的顺序来生成，而没有主节点时可能发生多节点同时生成 6 的情况。为了避免分叉，采取的方案就是在 11.1.2 节提到的池化和指令处理。

RAFT 包含 4 种角色类型，即主节点、跟随节点、客户端和候选节点。其中主节点负责和客户端交互；跟随节点负责被动接收主节点请求；候选节点是跟随节点向主节点转化的中间状态。RAFT 算法的流程如图 11-4 所示。

图 11-4 中的实线表示请求过程，虚线表示响应过程。对比 PBFT 的共识流程可以发现 RAFT 的共识流程复杂度要低很多，事实上 RAFT 的共识流程复杂度是 $O(n)$，而 PBFT 的复杂度是 $O(n \times n)$，RAFT 只是容忍故障节点，但不容忍作恶节点（即虚假返回状态）。由于 RAFT 共识性能更优，因此本章中的区块链系统也实现了 RAFT 共识模块，采取的是 git 上的一款轻量级的 raft-java，对于它实现的共识在这里不做过多说明，感兴趣的读者可以查找相应资料了解一下。

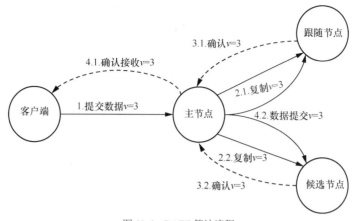

图 11-4　RAFT 算法流程

11.1.4　存储层

存储层主要是区块指令经过共识后存储，主要包括共识区块的添加以及存储层的接口包装实现。共识后的区块添加逻辑如代码清单 11-9 所示。

代码清单 11-9　共识后的区块添加逻辑

```
1.     public void run() {
2.             ServerMessage.GetRequest getRequest = ServerMessage.GetRequest.
       newBuilder()
3.                   .setKey(key).build();
4.             while (true) {
5.                 //共识返回的结果
6.                 ServerMessage.GetResponse getResponse = RaftServerServiceContainer.
       getInstance().get(getRequest);
7.                 try {
8.                     if (getResponse != null) {
9.                         Block block = Json.toBean(getResponse.getValue(),
       Block.class);
10.                        if (block == null) {
11.                            log.debug("get response block is null value:{}",
       getResponse.getValue());
12.                            continue;
13.                        }
14.                        //Leader 生成 block 后也需要校验区块合法性
15.                        ResultPack<String> resultPack = checkBlock(block);
16.                        if (resultPack.isFailed()) {
17.                            log.error("区块校验失败:{}", resultPack.comment());
18.                            return;
19.                        }
20.                        //本地广播消息，进行区块添加
21.                        ApplicationContextProvider.publishEvent(new AddBlockEvent
       (ConsensusType.RAFT, block));
22.                        //全链节点发送基于 RAFT 的共识一致性消息，区块进行全网添加
23.                        BlockPacket blockPacket = new PacketBuilder<>().
       setType(PacketType.COMMIT_RAFT_BLOCK_REQUEST.getKey()).se
       tBody(new RpcBlockBody(block)).build();
```

```
24.                              packetSender.sendGroup(blockPacket);
25.                              return;
26.                          } else {
27.                              log.error("get request failed, key={}\n", key);
28.                          }
29.                      } catch (Exception ex) {
30.                          log.error("getResponse error", ex);
31.                      }
32.                  }
33.              }
```

区块链存储中可采取的组件除了之前说到的关系数据库，还可以选择 RocksDB 和 LevelDB，它们在本质上是一致的，RocksDB 是基于 LevelDB 优化而来的，比特币采用的是 LevelDB 实现，它们都非常适合这种变长键值对的元数据存储。

为了方便对存储接口的操作，可以封装一个 dbStore 接口，定义了常见的 put、get 及 delete 操作，RocksDB 及 LevelDB 分别实现这些接口即可，涉及对这些接口操作的区块落盘逻辑如代码清单 11-10 所示。

代码清单 11-10 区块链落盘操作代码

```
1.      //校验区块
2.      RpcCheckBlockBody rpcCheckBlockBody = checkerManager.check(block);
3.      if (rpcCheckBlockBody.getCode() != RpcCheckBlockResult.SUCCESS.
        getCode()) {
4.          logger.warn("block check error check:{} block:{}", rpcCheckBlockBody,
            block);
5.          return;
6.      }
7.      //如果没有上一区块，说明该区块就是创世块
8.      if (block.getBlockHeader().getHashPreviousBlock() == null) {
9.          dbStore.put(Constants.KEY_FIRST_BLOCK, hash);
10.     } else {
11.         //保存上一区块对该区块的键值映射
12.         dbStore.put(Constants.KEY_BLOCK_NEXT_PREFIX + block.getBlockHeader().
            getHashPreviousBlock(), hash);
13.     }
14.     //存入 RocksDB
15.     dbStore.put(hash, Json.toJson(block));
16.     //设置最后一个区块的键值
17.     dbStore.put(Constants.KEY_LAST_BLOCK, hash);
18.     //设置 number 对应的 hash
19.     dbStore.put(Constants.KEY_BLOCK_NUMBER + block.getBlockHeader().
        getNumber(), hash);
```

11.2　小结

本章主要介绍了一个联盟链区块链平台的架构和实现，本章的源码是基于 md_blockchain 开源平台实现的，本章对该平台在接入层的指令集进行了优化，并引入了基于内存队列的指令池化模块，同时对网络层的共识算法进行了扩充，例如 RAFT 算法的添加，还对存储层的接口进行了统一的封装，方便业务层的使用。